机电设备电气自动化控制系统分析

◎沈姝君　孟伟　著

ZHEJIANG UNIVERSITY PRESS
浙江大学出版社

图书在版编目(CIP)数据

机电设备电气自动化控制系统分析 / 沈姝君,孟伟著.
—杭州:浙江大学出版社,2018.6

ISBN 978-7-308-18345-1

Ⅰ.①机… Ⅱ.①沈… ②孟… Ⅲ.①机电设备—电气控制—系统分析 Ⅳ.①TM921.5

中国版本图书馆 CIP 数据核字(2018)第 130518 号

机电设备电气自动化控制系统分析

沈姝君 孟 伟 著

责任编辑	吴昌雷
责任校对	刘 郡
封面设计	周 灵
出版发行	浙江大学出版社
	(杭州天目山路 148 号 邮政编码 310007)
	(E-mail:zupress@mail.hz.zj.cn)
	(网址:http://www.zjupress.com)
排 版	杭州隆盛图文制作有限公司
印 刷	浙江新华数码印务有限公司
开 本	787mm×1092mm 1/16
印 张	11.75
字 数	312 千
版 印 次	2018 年 6 月第 1 版 2018 年 6 月第 1 次印刷
书 号	ISBN 978-7-308-18345-1
定 价	39.00 元

FOREWORD

前　言 ·····················>>>　>

随着信息技术的发展,电气自动化、智能化的运用越来越广泛,电气系统和设备的控制也越来越重要。随着计算机技术、自动化控制技术等的不断进步与发展,电气控制技术的可靠性与效率大幅提高,从而使其工业化应用成为可能,现今电气控制技术已经在多个行业中得到了广泛应用。电气系统只有按照专业化的系统控制要求,才能更好地促使其自动化系统的形成,为电气控制系统更好地应用于社会生活奠定基础。而随着电气自动化技术的不断发展,电气设备和系统控制过程中对专业化的要求也越来越高,电气自动化行业的相关从业人员必须通过更加专业化、系统化的学习和研究,来适应这种科技与社会的进步。

本书共七章,从电气自动化入门的基础原理、常识入手,对整个电气自动化系统做出了详尽的研究。全书主要包括电气控制系统的基础知识,典型电气控制系统分析,电气控制系统相关技术,可编程控制器及其应用,机电设备安装、检测与维修。希望本书能够为相关技术研究人员提供参考,为祖国的建设贡献绵薄之力。

最后,特别感谢浙江省特种设备检验研究院傅军平、金英两位老师对本书的精心校核和热心指教,正是他们的宝贵智慧和辛勤劳动,才使本书得以尽早与读者见面。

由于笔者水平有限,加上时间仓促,书中难免有不足之处,希望大家批评指正。

CONTENTS
目 录 ················ >>> >

第一章

绪　论

第一节　电气控制系统的研究背景

电气控制技术是涵盖所有关于电与气方面的科学技术,它所涉及的领域比较宽泛,承载的信息含量也很大,详细细化一下电气控制技术,主要包括工业自动化、模拟电子、数字电子、电力电子、通信电子、船舶电站、电子电气、电气技术等内容和范畴。从学术专业角度说,电气控制技术是一门理论性和实践性极强的专业技术科目。电气还有属于自身的电气系统工程。电气控制系统是由各种控制电器、设备、连接导线组成,以实现对生产机械设备进行电气控制的体系,是电气控制技术具体体现的主干部门,是实现电气技术自动化的重要手段。电气控制技术领域十分广泛,遍布各行各业,可谓百川入海。

一、电气控制系统的发展现状

经过几十年的发展,我国的电气自动化技术已经取得了不俗的成绩,但是和国外发达国家比起来仍然有着不小的差距。伴随着我国市场经济的进一步成熟,电气自动化技术方面的竞争也越来越激烈。因此,我国电气自动化控制技术研发与制造机构必须结合自身的实际状况,并发挥出自身的优势,才能够在行业当中抢占重要的位置。

1. 电气自动化工程 DCS 系统

DCS,即分布式控制系统,它是"Distrbuted Control System"的缩写,是相对于集中式控制系统而言的一种新型计算机控制系统,它是在集中式控制系统的基础上发展、演变而来的,具有实时性、可靠性和可扩充性等优良特点,在生产、生活自动控制领域得到广泛运用。目前,在自动化控制系统运用中,DCS 仍然占据着主导地位。但随着 DCS 的逐渐运用,我们也越来越能感受到分布式控制系统所存在的缺点。比如受 DCS 系统模拟混合体系所限制,DCS 仍然采用的是模拟的传统型仪表,因此,大大地降低了系统的可靠性能,维修起来也显得比较困难;分布式控制系统的生产厂家之间缺乏统一的标准,降低了维修的互换性;此外,DCS 的价格非常昂贵。因此,在现代科技革命之下,必须进行技术上的创新。

2. 电气自动化控制系统的标准语言规范是 Windows NT 和 IE

在电气自动化的发展领域,人机操作界面已经成为一种主流的发展方向,它具有微机系统控制的灵活性以及容易集成化等优点。另一方面,电气自动化工程控制系统所使用的标准语言使其更加容易维护。

3. 信息集成化的电气自动化控制系统

电气自动化控制系统所包含的主要信息技术主要体现在如下几个方面:

(1)管理层面上纵深方向的延伸。企业当中的人力资源、财务核算等数据信息的存取需要使用特定的浏览器进行操作,而且信息技术对于生产过程中的动态形式画面能够进行有效的监督控制,对于企业生产活动当中的第一手信息资料能够及时地掌握。

(2)信息技术会在电气自动化设施、系统和机器中进行横向的扩展比较。并且随着微电子技术的不断投入应用,对于原来明确规定的使用设备也慢慢变得模糊了,而结构软件、通信的能力和统一,使得将信息技术运用在组态环境之下逐渐显得越来越重要。

二、电气工程及其自动化存在的问题

1. 电气工程存在的问题

(1)节能问题:电气工程在工业生产中发挥着非常重要的作用,工业生产的各个环节都需要使用电气工程及其自动化技术,电气工程及其自动化技术是推动我国工业生产顺利运行的重要基础。近年来,我国工业生产的智能化水平越来越高,在工业生产中引进了很多先进的电气设备仪器,极大地提高了工业生产的效率和质量。但是电气工程在工业生产中的广泛应用,也消耗了大量的能源,造成能源损耗,不利于我国工业生产的节能减排,影响了工业生产的可持续发展。

(2)质量问题:电气工程的质量直接关系着设施的使用寿命和安全操作。随着人们安全意识的逐渐提高,越来越多的人开始关注电气工程的质量问题。但是很多电气工程企业往往忽视施工质量管理,安全意识薄弱,缺乏系统的、专业的质量监管制度,只重视最后的检测结果,没有将质量管理真正落实到电气工程施工建设的具体工作中,工作进程杂乱无序,导致整个电气工程的质量达不到施工标准。

2. 电气工程自动化存在的问题

(1)电气工程自动化系统集成化程度不高:近年来,电气工程及其自动化技术的快速发展,推动了电气工程自动化功能的不断完善。电气工程自动化系统集成化是电气工程及其自动化技术的发展趋势,但是当前我国电气工程自动化系统的集成化程度依然很低,仍处于独立自动化层次,电气工程的独立自动化不能实现信息资源共享,并且功能单一,各个子系统之间互不连接,严重影响了电气工程自动化系统的功能。

(2)电气工程自动化系统的网络架构不统一:电气工程及其自动化技术的发展方向是构建便捷、高效、科学合理的电气工程自动化系统,但是当前我国很多电气工程企业使用的网络构架各不相同,严重阻碍了以网络结构为基础的电气工程自动化系统的发展。另外,很多电气工程自动化系统商家和企业在交换硬件和软件产品的过程中,经常出现程序接口不统一的问题,影响了企业和商家之间信息数据的共享,没有发挥出电气工程自动化系统在实际运行过程中的重要作用。

第二节 电气控制技术国内外的发展方向概述

一、电气控制技术发展的周期

电气控制技术发展的周期相对较长,包括从手动化到自动化、从简单化到智能化、从逻辑化到网络化三个阶段的发展历程。

1. 从手动化到自动化

电气控制技术发展的初始阶段是由手工控制的,随着技术的发展和创新,才逐步走向了半自动化、自动化。这主要表现在控制方法从手动控制发展到自动控制。应该说,这一阶段是电气控制技术的一次技术革命性的变化,使得人力在这次技术革命中得到了解放,也为电气技术加速发展奠定了基石。

2. 从简单化到智能化

电气控制技术实现简单的自动化后,有时还会因为人为的操作,经常性地出现这样或者那样的失误,而且这种失误既是不可避免的,也是发生频率较高的。故此,技术专家开始绞尽脑汁地研究更为先进的电气控制技术,于是就出现了智能化。不可否认的是,迈上智能化台阶后,出现的人为失误明显减少,而且机械或机器自我纠错的能力也特别强。至此,电气控制技术从控制功能的简单控制发展到智能化控制,实现了一次质的飞跃。

3. 从逻辑化到网络化

电气控制技术已经走过两个重要的发展历程,即便已经很先进、发达了,但还是满足不了发展的需要,也满足不了竞争日益激烈的经济需要。于是,技术专家又开始了深入的探索研究,以求取得更科学、简便、有效的电气技术控制手段。这一阶段已经不仅仅属于质的飞跃,而是应该冠名为脱胎换骨式的变化,这是因为信息化和网络化在电气控制技术中的广泛应用。通过这脱胎换骨式的变化,电气控制技术在控制操作上已经从烦琐笨重的数据整理发展到了信息化高效、快捷的处理,在控制原理上,也从单一的有触头硬接线逻辑控制系统发展到以微处理器或微计算机为中心的网络化自动控制系统。

二、电气控制技术发展的方向

计算机技术和技能控制技术就像电气控制技术的两驾马车,不断推动着电气控制技术的发展。"心有多大,世界就有多大",是对电气控制技术发展前景的完善诠释。在电气控制技术的快速发展过程中,众多的专家学者在科学理论和科学实践的基础上,去论证电气控制技术可能发展的程度和方向,同时,为了使这些技术更好地应用在实践工作中,需要对其进行更加深入的研究,对电气控制技术的发展趋势进行科学合理的预测。我们将从以下五个方向对其发展进行探讨。

1. 电气自动化控制系统的统一化

电气自动化控制系统的统一化对自动化产品的周期性设计、安装与调试、维护与运行等功能的实现都起着重要的作用,可以大大减小从设计到投入运用之间的时间和成本。实行电气自动化控制系统统一化的主要目的就是为了把开发系统从运行系统当中独立出来,同时也为了能够方便达到客户的要求。电气自动化控制系统的主要发展趋势就是能够把电气自动化系统通用化,电气自动化网络结构应该保障现场的设施、计算机的监管体系、企业工程的管理体系之间数据交流的畅通。需要注意的是,网络计划的实行,不管是采用现场总线还是以太网,都需要保证控制元件到办公室环境之间的自动化的整体通信。

2. 电气自动化工程的生产将更加安全

电气自动化工程控制系统的另一个发展方向就是安全防范技术的集成化,重点就是如何保证系统的安全性,即人、机、环境三者的安全实现。在非安全状态时,用户要如何选择利用最低费用实现安全方案制定的问题。分析研究我国市场发展和延伸特性,我们应该从安全级别最高的领域开始,逐渐地向安全级别低的领域延伸,从硬件设备到软件设备,从公共设施层到网络层,对电气自动化控制系统的安全与防范设计进行全面的研究。

3. 电气自动化工程控制系统的市场化

作为一种工业产品,要实现长久的发展,必须深化制造部门内部的体制改革,运用现代科学技术保障发展的成果,而且还需要密切关注产业市场化所带来的后果,保证产品适应市场发展的需要。另一方面,制造企业不仅需要对开发技术和集成系统进行研发投入,同时还需要运用分工外包和社会化之间的合作,使零部件的配套生产逐渐市场化、专业化,从而能够保证对高端装备技术开发研究资源的综合利用,提升自主装备制造的比例。产业市场化是产业发展的必然趋势,对于资源配置工作效率的提升有着显著的促进作用。

4. 电气自动化工程控制系统的创新技术

在我国电气自动化发展战略的指导之下,伴随着市场化的环境,使电气自动化工程控制系统的创新能力不断地得到提升,并且对引入的创新技术进行及时的消化、吸收、再创造。电气自动化工业企业应该不断地提升自身的技术创新能力,对于具有自主知识产权的电气自动化工程控制系统加大科研投入,为电气自动化的研究提供更加广阔的空间。而政府同样应该意识到电气自动化工程控制系统在经济发展当中的主导力量,加强政策上的扶持,建立和完善机制体系。在我国目前的情况下,企业生产的主要还是一些中低档次的产品,产品在国内市场也主要是服务于一些中小型的项目,技术水平还很难服务于国家大型重点建设项目。企业应该打开自主创新的新局面,转变经济增长的模式,提高自主创新的实践能力。

5. 电气自动化控制系统的标准化接口

电气自动化控制系统接口标准化的实现,为电气自动化控制系统中出现的通信难问题提供了解决的方法。通过实现电气自动化控制系统的接口标准化,可以为企业间、厂家间以及企业与厂家间的数据共享、交换提供安全保障,且可以节约电气自动化系统的开发与维护成本。

第三节 研究电气控制系统及应用的目标与意义

一、优化电气工程的节能设计

电气工程在设计过程中,要不断优化节能设计。在满足实际要求的基础上,最大限度地降低能源损耗,选择绕组阻值较小的供电系统变压器,降低变压器的能源损耗,降低运行成本。对于化工企业和高层建筑可以使用节能型低损耗式电力变压器,充分利用自然光,减少使用相应的配套设施和照明设施,坚持节能减排,推动电气工程的可持续发展。

二、加强质量管理

首先,电气工程企业要加强对电气工程施工建设的质量管理,充分认识到质量管理的重要性。其次,提高电气工程企业施工队伍的整体水平,定期对员工开展技能培训,在技术上和理念上不断进行强化,提高施工人员的综合素质。再次,严格把关电气工程施工建设中使用的材料质量,安排专门的技术人员采购施工材料,设置专业的管理人员严格抽检进场的施工材料,确保施工材料的质量,还要加强对施工材料的管理。最后,在电气工程施工建设过程中,管理人员要加强对各个施工环节的管理和监督,整个施工工程必须严格按照施工规范进行,在确保施工质量的基础上适当调整施工进度,推动电气工程的顺利施工建设。

三、构建统一、科学的电气自动化系统

电气工程企业要不断健全和完善电气自动化系统功能,构建统一、科学的电气自动化系统,积极引进先进的电气技术,提高科学化、系统化的管理水平,在电气自动化系统的运行、开机和测试等多个环节应用高效的系统模式进行编程设计,引进科学合理的设计理念,最大限度地完善电气自动化系统,使电气工程企业设计开发的电气自动化系统能够满足不同企业的个性化需求,实现信息资源的共享,推动电气领域快速发展。

四、提高电气自动化系统集成化程度

不同的电气工程企业在开发和应用电气自动化系统过程中,要尽可能使用相同的系统开发平台,不断提高技术人员的专业技能和综合素质,充分发挥设计人员的主观能动性和创新性,提高电气自动化系统的集成化程度,使得不同电气工程自动化系统都能够很好地兼容,减少电气工程自动化系统在维护、运行、实施和设计过程中的成本,降低系统运行负担和费用。

五、加强电气自动化企业与相关专业院校之间的合作

首先,鼓励企业到有电气自动化专业的学校中去设立厂区、建立车间,进行职业技能培训、技术生产等,建立多种功能汇集在一起的学习形式的生产试验培训基地。学校方面,应走入企业进行教学,积极建设校外的培训基地,将实践能力和岗位实习充分结合在一起。扩展学校与企业结合的深广程度,努力培养订单式人才。按照企业的职业能力需求,制定出学校与企业共同研究的培养人才的教学方案,以及相关的理论知识的学习指导。

六、改革电气自动化专业的培训体系

第一,在教学专业团队的协调组织下,对市场需求中的电气自动化系统的岗位群体进行科学研究,总结这些岗位群体需要具有的理论知识和技术能力。学校组织优秀专业的教师根据这些岗位群体反应的特点,制定与之相关的教学课程,这就是以工作岗位为基础形成了更加专业化的课程模式。第二,将教授、学习、实践这三方面有机地结合在一起,把真实的生产任务当作对象,重点强调实践的能力,对课程学习内容进行优化处理,在专业学习中至少有一半的学习内容要在实训企业中进行。教师在教学过程中,运用行动组织教学,让学生更加深刻地理解将来的工作程序。

总之,随着全球经济化的不断发展和深入,电气自动化在我国国民经济当中所起的作用已经越来越重要。作为电气工程技术人员,应该实事求是,秉着务实精神,不断地提升自己的专业素质,为我国电气自动化控制系统的发展出谋划策,做出自己应有的贡献。

第二章

电气控制系统的基础研究概述

第一节　电气控制系统的概念研究

一、电气控制系统的基本原理、基本组成及控制方式

1. 电气控制系统的基本原理

在现代科学技术的众多领域中,电气控制技术起着越来越重要的作用。所谓电气控制,是指在没有人直接参与的情况下,利用外加的设备或装置(控制装置或控制器),使机器、设备或生产过程(统称被控对象)的某个工作状态或参数(即被控量)自动地按照预定的规律运行。近几十年来,随着电子计算机技术的发展和应用,在宇宙航行、机器人控制、导弹制导以及核动力等高新技术领域中,电气控制技术更具有特别重要的作用。不仅如此,电气控制的应用现已扩展到生物、医学、环境、经济管理和其他许多领域中,成为现代社会活动中不可缺少的重要组成部分。

电气控制发展初期,是以反馈理论为基础的自动调节原理,主要用于工业控制。为了实现各种复杂的控制任务,首先要将被控对象和控制装置按照一定的方式连接起来,组成一个有机整体,这就是电气控制系统。在电气控制系统中,被控对象的输出量(即被控量)是要求严格加以控制的物理量,它可以要求保持为某一恒定值,如温度、压力、液位等,也可以要求按照某个给定规律运行,例如飞机航线、记录曲线等。控制装置则是对被控对象施加控制作用的机构的总体,它可以采用不同的原理和方式对被控对象进行控制,但最基本的一种是基于反馈控制原理组成的反馈控制系统。

2. 电气控制系统的基本组成

从完成"电气控制"这一职能来看,一个系统必然包含被控对象和控制装置两大部分,而

控制装置是由具有一定职能的各种基本元件组成的。在不同系统中,结构完全不同的部件却可以具有相同的职能。因此,组成系统的元部件按职能分类主要有以下几种:

(1)测量元件:其职能是检测被控制的物理量,如果这个物理量是非电量,一般要再转换为电量。

(2)给定元件:其职能是给出与期望的被控量相对应的系统输入量(即参据量)。

(3)比较元件:其职能是把测量元件检测的被控量实际值与给定元件给出的参据量进行比较,求出它们之间的偏差。常用的比较元件有差动放大器、机械差动装置、电桥电路等。

(4)放大元件:其职能是将比较元件给出的偏差信号进行放大,用来推动执行元件去控制被控对象。

(5)执行元件:其职能是直接推动被控对象,使其被控量发生变化。

(6)校正元件:也叫补偿元件,它是结构或参数便于调整的元部件,用串联或反馈的方式连接在系统中,以改善系统的性能。

3.电气控制系统的控制方式

反馈控制是自动控制系统最基本的控制方式,也是应用极广泛的一种控制方式。除此之外,还有开环控制方式和复合控制方式,它们都有各自的特点和不同的适用场合。

(1)反馈控制方式:也称为闭环控制方式,是指系统输出量通过反馈环节返回来作用于控制部分,形成闭合环路的控制方式,是按偏差进行控制的。其特点是不论什么原因使被控量偏离期望值而出现偏差时,必定会产生一个相应的控制作用来减小或消除这个偏差,使被控量与期望值趋于一致。可以说,按反馈控制方式组成的反馈控制系统,具有抑制任何内、外扰动对被控量产生影响的能力,有较高的控制精度。但这种系统使用的元件多,结构复杂,特别是系统的性能分析和设计也较麻烦。尽管如此,它仍是一种重要的并被广泛应用的控制方式,自动控制理论主要的研究对象就是用这种控制方式组成的系统。

(2)开环控制方式:是指控制装置与被控对象之间只有顺向作用而没有反向联系的控制过程。按这种方式组成的系统称为开环控制系统,其特点是系统的输出量不会对系统的控制作用产生影响,不具备自动修正的能力。

(3)复合控制方式:是开环控制和闭环控制相结合的一种控制方式。它是在闭合控制的基础上,通过增设顺馈补偿器来提高系统的控制精度,从而改善控制系统的稳态性能,主要应用于高精度的控制系统中。

二、电气控制系统的分类

电气控制系统有多种分类方法:按控制方式可分为开环控制系统、反馈控制系统、复合控制系统等;按元件类型可分为机械系统、电气系统、机电系统、液压系统、气动系统、生物系统;按系统功能可分为温度控制系统、位置控制系统等;按系统性能可分为线性系统和非线性系统、连续系统和离散系统、定常系统和时变系统、确定性系统和不确定性系统等;按参据量变化规律又可分为恒值控制系统、随动控制系统和程序控制系统等。一般,人们为了全面反映自动控制系统的特点,常常将上述各种分类方法组合应用。

1.线性连续控制系统

这类系统可以用线性微分方程式描述。按其参据量的变化规律不同,又可将这种系统分为恒值控制系统、随动系统和程序控制系统。

2. 线性定常离散控制系统

离散控制系统是指系统的某处或多处的信号为脉冲序列或数码形式,因而信号在时间上是离散的。连续信号经过采样开关的采样就可以转换成离散信号。一般,在离散系统中既有连续的模拟信号,也有离散的数字信号,因此离散系统要用差分方程描述。工业计算机控制系统就是典型的离散系统。

3. 非线性控制系统

系统中只要有一个元部件的输入-输出特性是非线性的,这类系统就称为非线性控制系统,这时,要用非线性微分(或差分)方程描述其特性。非线性方程的特点是系数与变量有关,或者方程中含有变量及其导数的高次幂或乘积项。由于非线性方程在数学处理上较困难,目前对不同类型的非线性控制系统的研究还没有统一的方法。但对于非线性程度不太高的元部件,可采用在一定范围内线性化的方法,将非线性控制系统近似为线性控制系统。

三、对电气控制系统的基本要求

电气控制理论是研究自动控制共同规律的一门学科。尽管电气控制系统有不同的类型,对每个系统也有不同的特殊要求,但对于各类系统来说,在已知系统的结构和参数时,我们感兴趣的都是系统在某种典型输入信号下,其被控量变化的全过程。对每一类系统被控量变化全过程提出的共同基本要求都是一样的,可以归结为稳定性、快速性和准确性,即稳、快、准的要求。

1. 稳定性

稳定性是保证控制系统正常工作的先决条件。稳定性是指系统受到外作用后,其动态过程的振荡倾向和系统恢复平衡的能力。如果系统受到外作用后,经过一段时间,其被控量可以达到某一稳定状态,则称系统是稳定的。还有一种情况是系统受到外作用后,被控量单调衰减。在这两种情况中系统都是稳定的,否则称为不稳定。另外,若系统出现等幅振荡,即处于临界稳定的状态,这种情况也可视为不稳定。线性自动控制系统的稳定性是由系统结构决定的,与外界因素无关。

2. 快速性

为了很好地完成控制任务,控制系统仅仅满足稳定性要求是不够的,还必须对其过渡过程的形式和快慢提出要求,一般称为动态性能。快速性是通过动态过程时间长短来表征的,系统响应越快,说明系统复现输入信号的能力越强。

3. 准确性

理想情况下,当过渡过程结束后,被控量达到的稳态值应与期望值一致。但实际上,由于系统结构、外作用形式,以及摩擦、间隙等非线性因素的影响,被控量的稳态值与期望值之间会有误差存在,称为稳态误差。稳态误差是衡量控制系统精度的重要标志。若系统的最终误差为零,则称为无差系统,否则称为有差系统。

四、电气控制系统中常用名词与术语

为后文叙述方便,下面集中介绍控制系统中常用名词、术语的基本意义。

1. 控制和调节

"控制"和"调节"的含义十分接近,两者都是为达到预期目的而按照某种规律对被控对象施加作用;如"调节原理"和"控制理论"都是指同一学科。但在有些场合两者也不完全通用,例如通常把开环系统中的动作称为控制,而该装置称为控制器,在闭环系统中则分别称为调节和调节器。还有"自控"一词包括了各种形式的自动控制,不能称为"自调";又如"超调"是指控制系统在动态过程中瞬时值与稳态值的偏差,不能称为"超控",等等,这些都是由于人们的用词习惯形成的。

2. 自动控制

自动控制是指在没有人直接参与的情况下,利用外加的设备或装置,使机器、设备或生产过程的某个工作状态或参数自动地按照预定的规律运行的控制机制。

3. 控制对象和被控变量

为保证生产设备能够安全、经济运行,必须组成一个控制系统,对其中某个关键参数进行控制,此时这台设备就成为控制对象,这个关键参数就是被控变量。

4. 电气控制系统

电气控制系统是由研究自动控制装置(也称控制器)和被控对象组成,能自动地对被控对象的工作状态或其被控量进行控制,并具有预定性能的广义系统。

5. 目标值和定值控制系统

目标值也称为设定值,就是希望被控变量保持的数值。如果目标值是恒定不变的,这种自动控制系统就称为定值控制系统。

6. 检测装置

检测装置用来感受控制对象被控变量的大小,并将其转换和输出的相应信号作为控制的依据,通常由某种传感器或变送器组成。

7. 偏差

偏差是指由反馈装置检测得出的被控变量实际值与目标值之差。在自动控制过程中存在的偏差称为"残余偏差"或"余差",在静态情况下存在的偏差则称为"静差"。

8. 调节器

调节器是根据偏差大小及变化趋势,按照预定的调节规律给执行器输出相应的调节信号的装置。

9. 执行器

执行器接收调节器送来的调节信号,根据信号的数值大小输出相应的操作变量来对控制对象施加作用,使被控变量保持目标值。

10. 操作变量

由执行器输出到被控对象中的能量流或物料流,称为操作变量。

11. 扰动或干扰

被控对象在运行过程中受到某种外部因素的影响导致被控变量的变化,这些破坏稳定的不利因素统称为扰动或干扰,如负载变化、电源电压波动、环境条件改变等。

12. 阶跃扰动

在分析控制对象受到扰动后的变化时,也就是研究控制对象的动态特性时,设想在某一瞬间 t_0 把某个参数突然改变为另一个数值,其增量为 X 并维持不变,这种扰动就称为阶跃扰动。

13. 控制对象的时间常数和时滞

控制对象受到阶跃扰动后,被控变量需要推迟一段时间才能按其本身特性变化,再经过一定时间后稳定到一个新的数值,此时间称为"滞后时间",即"时滞"。从起点上升到终点高度所需的时间称为控制对象的时间常数。

14. 闭环与开环

执行器输出操作变量到被控对象以改变被控变量,而被控变量的变化又通过检测装置输出的信号来影响操作变量,这样的信息传递过程构成了闭合环路,这种系统称为闭环控制;如果不存在这种信息传递的闭合回路,那么被控变量的变化对执行器输出的操作变量不发生影响,这样的系统称为开环控制。

15. 系统的静态和动态

当自动控制系统的输入(设定值和扰动)及输出(被控变量)都保持不变时,整个系统处于一种相对平衡的稳定状态,这种状态称为静态;当系统的输入发生变化时,系统的各个部分都会改变原来的状态,力图达到新的平衡,这个变化过程就称为系统的动态。

16. 断续作用和连续作用

断续作用的调节器的输出信号只有两种完全不同的状态,例如开关的"接通"或"断开",没有中间状态。连续作用的调节器的输出信号可以从弱到强连续改变,因而这种方式能够更准确反映控制系统偏差的大小或控制动作的强度,从而可以取得更好的效果。

五、常用控制系统的基本类型

常用的控制系统有单回路控制系统、多回路系统、串级系统、比值系统、复合系统等五种基本类型。

1. 单回路控制系统

单回路控制系统又称为单参数控制系统或简单控制系统,它是由一个被控对象、一个检测变送装置、一个调节器和一个执行器组成的单闭环控制系统。这种系统的作用特点是:被控对象不太复杂,系统结构比较简单。只要合理地选择调节器的调节规律,就可以使系统的技术指标满足生产工艺的要求。单回路控制系统是实现生产过程自动化的基本单元,由于它结构简单,投资少,易于整定和投入运行,能满足一般生产过程自动控制要求,尤其适用于被控对象滞后时间较短,负荷变化比较平缓,对被控变量的控制没有严格要求的场合,因而在工业生产中获得广泛的应用。

随着技术的迅速发展,控制系统类型越来越多,如综合控制、复杂控制系统等层出不穷,但单回路控制系统仍然是最基本的控制系统,掌握单回路控制系统设计的一般原则是很重要的。

生产过程是由若干台工艺设备或装置组成的,它们之间必然相互联系、相互影响,在设计控制系统时必须从整个生产过程出发来考虑问题。为此,自动控制专业人员必须与生产工艺专业人员密切配合,根据生产工艺过程特点选择被控变量和操作变量,选择合适的检测装置,选用适当的调节器、执行器及辅助装置等,组成工艺上合理、技术上先进、安装调试和操作方便的控制系统,使全套设备运转协调。在充分利用原料、能源、资金的情况下,安全优质、高效低耗地进行生产,获得良好的经济效益。

(1)被控变量和操作变量选择:选择被控变量和操作变量是设计单回路控制系统首先要考虑的问题。被控变量应能反映工艺过程,体现产品质量主要指标;操作变量应能满足控制稳定性、准确性、快速性等方面的要求,还应具有工艺上的合理性和经济性。

被控变量的选择是系统设计的核心问题。在一个生产过程中影响设备正常运行的因素很多,不可能全部进行控制,需要深入分析生产过程,找出对产品的产量和质量以及生产安全和节能等方面有决定性作用的变量作为被控变量。要注意的是,这些变量必须是可以测量的,如果需要控制的变量是温度、压力、流量或液位等,则可以直接将这些变量作为被控变量来组成控制系统,因为测量这些参数的仪表在技术上是很成熟的。

当选定被控变量之后,就要选择哪个参数作为操作变量。被控变量是控制对象的输出,而影响被控变量的外部因素则是控制对象的输入。被控对象的输入往往有若干个,这就要从中选择一个作为操作变量,而其余未被选用的输入则成为系统的干扰。从控制的角度来看,干扰是影响控制系统正常稳定运行的破坏性因素,它使被控变量偏离目标值,而操作变量则抑制干扰的影响,把已经变化了的被控变量拉回目标值,使控制系统重新恢复稳定运行。通过深入分析控制对象各种输入变量对被控变量的影响,不难找出对被控变量影响最大的物理量,将其作为操作变量。

(2)检测装置的选择:在控制系统中,被控变量要经过检测装置转换为电信号才能与目标值进行比较,得出偏差值再送到调节器。检测装置通常由传感器和变送器组成,传感器是用来将被控变量转换为一个与之相对应的信号,变送器则将传感器的输出信号转化为统一的标准信号,如 4～20mA 或 1～5V 的直流信号。

控制系统对检测装置的基本要求是:测量值能正确反映被控变量的数值,其误差不超过规定的范围;测量值能及时反映被控变量的变化,即有快速的动态响应;在工作环境条件下能长期可靠操作。

这些要求与传感器和变送器的类型、仪表的精度等级和量程,传感器和仪表的安装使用及防护措施都有密切的关系。

(3)调节器控制规律的选择:调节器的控制规律对控制系统的运行影响很大,不仅与系统的控制品质密切相关,而且对系统的结构和造价有很大的影响。下面对工业控制系统常用的调节器作简要陈述。

①位式调节器:常见的位式调节器是双位式调节器。一般适用于滞后时间较短,负荷变化不大也不剧烈,控制质量要求不高,允许被控变量在一定范围内波动的场合。双位式调节器的输出只有"接通"与"断开"两种截然不同的状态,这类控制元件品种很多,如温度开关、压力开关、液位开关、料位开关、光敏开关、声敏开关、气敏开关、定时开关、复位开关等。它们的结构比较简单、价格相对低廉,与之配套的执行器通常也选用开关器件,如继电器、接触器、电磁阀、电动阀等,组成控制系统相当方便而且节省资金,能够满足一般的使用要求,因而应用相当广泛。

位式调节器是一种断续作用的调节器,接下来介绍的几种调节器都是连续作用的调节器,不仅需要使用能连续反映被测参数变化的检测装置,而且配套的执行器也必须根据调节器输出信号的强弱来改变施加给控制对象的操作变量的大小,这种连续调节系统比位式调节系统要复杂得多。

②比例控制:比例控制是最基本的控制规律,它的输出与输入成比例,当负荷变化时克服扰动的能力强,过渡过程时间短,但过程终了时存在余差,而且负荷变化越大余差也越大。比例控制适用于系统滞后时间较短,时间常数也不大,扰动幅度较小,负荷变化不大,控制质量要求不高,允许有余差的场合。

③比例积分控制:由于引入的积分作用能够消除余差,所以比例积分控制是使用最多、应用最广的控制规律。但是加入积分作用后要保持原有的稳定性必须加大比例度(削弱比例作用)而使最大偏差和振荡周期相应增大,过渡过程时间延长。对于滞后时间较短,负荷变化不大,工艺上不允许有余差的场合,比例积分控制可以获得较好的控制效果。

④比例微分控制:由于引入的微分有超前控制作用,所以比例积分控制能使系统的稳定性增加,最大偏差减小,加快了控制过程,改善了控制质量,适用于过程滞后时间较长的场合。对于滞后时间很短和扰动作用频繁的系统,不宜采用比例微分控制。

⑤比例积分微分控制:微分作用对于克服滞后有显著效果,在比例基础上增加微分作用能提高系统的稳定性,加上积分作用能消除余差。如比例积分微分控制调节器有三个可以调整的参数,因而可以使系统获得较高的控制质量。它适用于容量滞后大,负荷变化、控制质量要求较高的场合。

2. 多回路系统

有些控制对象动特性比较复杂,滞后和惯性都很大,在采用单回路系统不能满足要求时,常常从对象本身再设法找一个或几个辅助变量作为辅助控制信号反馈回去,这样就构成了多回路系统。辅助变量的选择原则是它要比被控量变化快,且易于实现。在大多数情况下,往往还选择辅助变量的微分,以便反映变量的变化状况和趋势。比如直流电动机转速控制系统往往选电压和电流作辅助变量,或再加电压微分反馈,形成多回路系统。又比如锅炉汽包液面控制系统也要求引入水量和蒸汽流量作为辅助量而构成多回路系统。

3. 串级系统

串级系统是多回路系统的另一种类型。它由主、副两个控制回路构成,被控量的反馈形成主控回路,另外把一个对被控量起主要影响的变量选作辅助变量形成副回路。串级系统与一般多回路系统的根本区别和主要特点在于,副回路的给定值不是常量,而是一个变量,其变化情况由被控量通过主调节器来自动校正。因此,副回路的输入是一个任意变化的变量。这就要求副回路必须是一个随动系统,这样其输出才能随输入的变化而变化,使被控量达到所要求的技术指标。

我们以晶闸管供电的直流电动机调速系统为例,来说明串级控制系统的必要性。这时系统的被控对象(广义对象)是一个具有时滞的大惯性环节。如果我们只采用转速反馈的单回路系统,虽然转速反馈可以克服所有干扰对转速的影响,但由于被控对象的特性,控制质量并不理想。这是电源电压的波动和负载的干扰造成的后果,只有等被控量(转速)发生了变化,通过转速反馈回去与给定值比较,产生偏差,然后才能用偏差信号来克服干扰的影响。显然,这是不及时的。为了克服这种控制过程的滞后,我们会想到使用微分调节器。但是微分调节器并不能克服滞后特性对控制质量的不利影响,同时微分调节器还有放大噪声的缺点。那么,怎样解决这个问题呢?我们知道,当电源电压波动或负载改变等干扰出现时,总是引起电动机电流的变化,在电动机启动、制动时,为了得到最大的加速度和减速度,我们会希望电流保持正的或负的最大值。如果我们把对转速起主要影响的电流作为辅助变量,组成一个电流控制回路,当干扰引起电流变化但尚未引起转速显著变化时,电流控制回路就进行了控制,从而能够更快地克服干扰对转速的影响,这就解决了转速单回路控制过程的滞后现象。如果只要电流控制回路而没有转速控制回路行不行呢?显然是不行的,因为电流控制回路只能保持电流的恒定,而不能保持转速的恒定,只有电流控制回路是不能实现转速控制的。必须两种控制回路同时采用,才能起到互相补充、相辅相成的作用。现在的问题是,这两个控制回路如何构成?转速要求恒定,所以转速给定应为恒值。对电流的要求却不是恒定的,在启动和制动时,为使电动机尽快升速和减速,希望电动机保持正的或负的最大值;当负载改变时,为使转速保持恒定,也希望电流做相应的改变。所以电流控制回路的给定值应能适应转速的要求,其大小和变化应根据转速来决定。为使系统不致过于复杂,尽量不增加新的随转速而变化的电流给定装置,这时我们把转速调节器的输出作为电流控制回路的给定就可以完成上述要求。从结构上看,是把电流控制回路串联在速度回路里了,所以这种控制系统叫作串级控制系统。在直流电动机调速系统中,转速控制回路是主回路,电流控制回路是副回路,相应地,我们把主回路的调节器叫作主调节器,副回路的调节器叫作副调节器。

由于串级控制系统由主、副两个控制回路构成,利用具有快速作用的随动副回路将加在被控对象的干扰在没有影响被控量以前就加以克服,剩余的影响或副回路无法克服的干扰由主回路克服。因此,串级控制系统适用于对象有滞后、惯性较大、干扰作用较强和频繁的系统,例如化工或热工方面的精馏塔塔釜温度与流量串级控制系统,加热炉出口温度或燃料流量与压力或气体比值的串级控制系统等等。

在拟定串级控制方案时应考虑以下几点:

(1)控制回路应包括主要干扰和尽量多的干扰因素在内,以便减小它们对被控量的影响,提高系统的抗干扰能力。

(2)使副控制回路包括系统广义对象的滞后和惯性较小的部分,以减小滞后影响和提高副回路的快速性,这样包括在副回路的干扰对被控量的影响较小。

(3)使主、副回路对象的时间常数适当匹配,一般使之比为 3~10。

(4)副回路的选择应考虑在工艺上的合理性,以及实现上的可能性与经济性。副回路的被控量(副变量)应为决定被控量(主变量)的主要因素。

（5）因副变量的给定值需要自动校正而采用串级控制时，被控量和主回路应能及时反映操作条件的变化。副回路应保证副变量快速而准确地跟踪主调节器的输出。

4. 比值系统

比值系统是使系统中一个或多个变量按给定的比例自动跟随另一个或多个变量的变化而变化的控制系统。比如异步电动机的变频调速系统，要使定子电压与频率成比例地改变，而在低频（低速）时，由于定子电阻压降所占整个阻抗压降的比例增大，如果仍按比例变化，则转矩降低，甚至使电动机无法工作。因此电压与频率必须按一定的函数关系进行变化，这一关系叫作比值系统的控制规律。可见，比值系统的控制规律不一定就是线性比例关系，它可能是一个任意函数关系。这一函数关系是由工艺情况决定的。当然也有只要求按一定比例进行控制的，例如加热炉中煤气和空气进入量必须保持一定的比例才能保证理想的燃烧情况。

事实上，比值系统可以看作是更普遍的所谓指标控制系统的一种特例。有时一些工艺过程采用直接可测变量作为控制变量时并不能达到生产上的要求，或者能作为控制变量的量无法测量，这时必须测量一些间接变量再经过一定计算而得到所需要的变量。例如电弧炼钢炉中的功率控制，通过测出电流和电压，经乘法计算就可以得到功率，化工或热工生产控制过程中的热焓控制也是这类指标控制的例子。

这类系统与一般系统的主要区别在于系统中必须有一个完成比值或指标计算的计算元件。

5. 复合系统

以上几种都是根据反馈原理组成的控制系统。按反馈原理组成的系统，只有在干扰引起被控量出现偏差以后才能对系统进行控制，也就是当干扰引起"恶果"以后，才来采取纠正的措施，比较被动。由于干扰总是引起被控量变化，如果我们直接测量干扰，抢先一步，在事前就把干扰通过一个补偿环节再作用于被控对象，使它产生的作用正好和干扰直接作用在被控对象时产生的作用相反，两者抵消，自然就可以消除干扰的不利影响，因此，把这种方法称为前馈或正馈控制。显然，只有正馈也不能构成理想的系统，往往在采用正馈的同时还采用反馈，这样就组成了既有正馈又有反馈的复合控制系统。

第二节　电气控制系统的性能指标评述

控制系统性能的评价分为动态性能指标和稳态性能指标两类，动态性能指标又可分为跟随性能指标和抗扰性能指标。为了评价控制系统时间响应的性能指标，需要研究控制系统在典型输入信号作用下的时间响应过程。

在典型输入信号作用下，任何一个控制系统的时间响应都是由动态过程和稳态过程两部分组成的。首先是动态过程。动态过程又称过渡过程，指系统在典型输入信号作用下，系统输出量从初始状态到最终状态的响应过程。由于实际控制系统具有惯性、摩擦以及其他一些原因，系统输出量不可能完全复现输入量的变化。根据系统结构和参数选择情况，动态过程表现为衰减、发散或等幅振荡形式。显然，一个可以实际运行的控制系统，其动态过程必须是衰减的,换句话说,系统必须是稳定的。动态过程除提供系统稳定性的信息外,还可以提供响应速度及阻尼情况等信息,这些信息用动态性能描述。其次是稳态过程。稳态过程指系统在典型输入信号作用下,当时间 t 趋于无穷大时,系统输出量的表现方式。稳态过程又称稳态响应,表征系统输出量最终复现输入量的程度,提供系统有关稳态误差的信息,用稳态性能描述。

一、动态性能

稳定是控制系统能够运行的首要条件,因此只有当动态过程收敛时,研究系统的动态性能才有意义。

1. 跟随性能指标

通常在阶跃函数作用下,测定或计算系统的动态性能。一般认为,阶跃输入对系统来说是最严峻的工作状态。如果系统在阶跃函数作用下的动态性能满足要求,那么系统在其他形式的函数作用下,其动态性能也是令人满意的。

描述稳定的系统在单位阶跃函数作用下,动态过程随时间 t 的变化状况的指标,称为动态性能指标。为了便于分析和比较,假定系统在单位阶跃输入信号作用前处于静止状态,而且输出量及其各阶导数均等于零。对于大多数控制系统来说,这种假设是符合实际情况的。单位阶跃响应 $c(t)$,其动态性能指标通常如下:

延迟时间 t_d,指响应曲线第一次达到其终值一半所需的时间。

上升时间 t_r,指响应从终值10%上升到终值90%所需的时间;对于有振荡的系统,也可定义为响应从零第一次上升到终值所需的时间。上升时间是系统响应速度的一种度量。上升时间越短,响应速度越快。

峰值时间 t_p,指响应超过其终值到达第一个峰值所需的时间。

调节时间 t_s,指响应到达并保持在终值±5%或±2%内所需的时间。

超调量 σ,指响应的最大偏离量 $c(t_p)$ 与终值 $c(\infty)$ 的差,占终值 $c(\infty)$ 的百分比,即

$$\sigma = [c(t_p) - c(\infty)]/c(\infty) \times 100\%$$

若 $c(t_p)$ 小于 $c(\infty)$ 则响应无超调。超调量也称为最大超调量或百分比超调量。

上述五个动态性能指标,基本上可以体现系统动态过程的特征。在实际应用中,常用的动态性能指标为上升时间、调节时间和超调量。通常用 t_r 或 t_p 评价系统的响应速度;用 σ 评价系统的阻尼程度;而 t_s 是同时反映响应速度和阻尼程度的综合性能指标。

2. 抗扰性能指标

如果控制系统在稳态运行中受到扰动作用,经历一段动态过程后,又能达到新的稳态,则系统在扰动作用之下的变化情况可用抗扰性能指标来描述。常用的抗扰性能指标为动态降落和恢复时间。

(1)动态降落 Δc_{max}:系统稳定运行时,突加一个约定的标准负扰动量后引起转速的最大降落值 Δc_{max},叫作动态降落,用输出量原稳定值 $C(\infty 1)$ 的百分数表示。动态降落一般都大于静态降落。

(2)恢复时间:恢复时间 t_v,从阶跃扰动作用开始,到系统输出量基本恢复稳态,距新稳

态值 $C(\infty 2)$ 之差进入某基准值的 $\pm 5\%$ 或 $\pm 2\%$ 范围内所需的时间。

Δc_{max}、t_v 小说明系统抗扰能力强。

二、稳态性能

稳态误差是描述系统稳态性能的一种性能指标,通常在阶跃函数、斜坡函数、加速度函数作用下进行测定或计算。若时间趋于无穷时,系统的输出量不等于输入量的确定函数,则系统存在稳态误差。稳态误差是系统控制精度或抗扰能力的一种度量。

三、其他常用的指标

评价控制系统的性能,除了用以上动态性能指标和稳态性能指标外,还有以下几个最常用的指标:

1. 衰减比

衰减比是衡量控制系统过渡过程稳定性的重要动态指标,它的定义是第一个波的振幅 B 与同方向的第二个波的振幅 B' 之比,即 $n = B/B'$。显然对于衰减振荡来说,$n > 1$,n 越小就说明控制系统的振荡越剧烈,稳定度越低;$n = 1$,就是等幅振荡;n 越大,意味着系统的稳定性越好,根据实际经验,以 $n = 4 \sim 10$ 为宜。有些场合采用衰减率 ψ 来表示。

2. 静差

静差即静态偏差,有些场合也称之为余差,它是控制系统过渡过程终结时被控变量实际稳态值与目标值之差。静差是反映控制准确性的一个重要稳定指标。在系统受干扰作用的过渡过程后,新的稳态值为 $c(\infty)$,如果原来的稳态值也就是目标值为 $c(0)$,两者相差为 c,这个系统就称为有差系统;目标值发生改变后,经过系统的过渡过程,新的稳态值 $c(\infty)$ 如果和新的目标值一致,这个系统就称为无差系统。

还应指出,不是所有的控制系统都要求静差为零,通常只要静差在工艺允许的范围内变化,系统就可以正常运行。

3. 振荡周期 T_p

系统的过渡过程中,相邻两个同向波峰所经过的时间即振荡一周所需的时间称为振荡周期 T_p,其倒数就是振荡频率 ω。

必须指出,这些指标相互之间是有内在联系的,我们应根据生产工艺的具体情况区别对待。对于影响系统稳定和产品质量的主要控制指标应提出严格的要求,在设计和调试过程中优先保证实现,只有这样控制系统才能取得良好的经济效益。

第三节　MATLAB/Simulink 在自动控制系统分析中的应用

一、MATLAB/Simulink 简介

MATLAB 是 Mathworks 公司于 1982 年推出的一套高性能的数值计算和可视化软件，它集数值分析、矩阵运算、信号处理和图形显示于一体，构成了一个方便的、界面友好的用户环境。MATLAB 的强力推出得到了各个领域专家学者的广泛关注，其强大的扩展功能为各个领域的应用提供了基础。由各个领域的专家学者相继推出的各个 MATLAB 工具箱，其中主要有信号处理（signal processing）、控制系统（control system）、神经网络（neural network）、图像处理（image processing）、鲁棒控制（robust control）、非线性系统控制设计（nonlinear control system design）、系统辨识（system identification）、最优化（optimization）、模糊逻辑（fuzzy logic）、小波（wavelet）、样条（sp-line）等工具箱，而且还在不断增加，这些工具箱给各个领域的研究和工程应用提供了有力的工具。借助这些工具，研究人员可直观、方便地进行分析、计算及设计工作，从而大大地节省了时间。

基于 MATLAB 平台的 Simulink 是动态系统仿真领域中最为著名的仿真集成环境之一，它在各个领域得到广泛的应用。它提供了一种图形化的交互环境，只需拖动鼠标便能迅速地建立起系统框图模型，甚至不需要编写一行代码。Simulink 和 MATLAB 的无缝结合使得用户可以利用 MATLAB 的丰富资源，建立仿真模型，监控仿真过程，分析仿真结果；通过仿真结果修正系统设计，从而快速完成系统的整体设计。利用 Simulink 进行系统的建模仿真，最大特点是易学、易用，并能依托 MATLAB 提供的丰富的仿真资源。Simulink 具有如下功能：

1. 交互式、图形化的建模环境

Simulink 提供了丰富的模块库，以帮助用户快速地建立动态系统模型。建模时，只需使用鼠标拖放不同模块库中的系统模块并将它们连接起来。另外，还可以把若干功能块组合成子系统，建立起分层的多级模型。这种图形化、交互式的建模过程非常直观，且容易掌握。

2. 交互式的仿真环境

Simulink 框图提供了交互性很强的仿真环境，既可以通过下拉菜单执行仿真，也可以通过命令进行仿真。菜单方式对于交互工作非常方便。仿真过程中各种状态参数可以在仿真运行的同时通过示波器或者图形窗口显示。

3. 专用模块库（Blocksets）

作为 Simulink 建模系统的补充，Mathworks 公司还开发了专用模块库。通过使用这些

程序包,用户可以迅速地对系统进行建模、仿真与分析。更重要的是,用户还可以对系统模型进行代码生成,并将生成的代码下载到不同的目标机上。

4. 提供了仿真库的扩充和定制机制

Simulink 的开放式结构允许用户扩展仿真环境的功能:采用 MATLAB、Fortran、C 语言生成自定义模块库,并拥有自己的图标和界面,或者购买使用第三方开发提供的模块库进行更高级的系统设计、仿真与分析。

5. 与 MATLAB 工具箱的集成

用户可以直接在 Simulink 下完成诸如数据分析、过程自动化、优化参数等工作,工具箱提供的高级的设计和分析能力可以融入仿真过程。

二、MATLAB /Simulink 在自动控制系统分析中的应用

系统仿真实质上就是对系统模型的求解,对控制系统来说,一般模型可转化成用某个微分方程或差分方程表示。因此在仿真过程中,一般以某种数值算法初态出发,逐步计算系统的响应,最后绘制出系统能够响应的曲线,分析系统的性能。

经典控制理论中系统常用的分析方法有三种,分别为时域分析法、频域分析法及根轨迹法。在 MATLAB 中,提供了求取连续系统的单位阶跃响应函数 Step、单位冲激响应函数 Impulse、零输入响应函数 Initial 及任意输入下的仿真函数 Lsim;相应的离散系统有函数 Dstep、Dimpulse、Dinitial 和 Dlsim。根轨迹法是分析和设计线性定常控制系统的图解方法,使用十分简便,特别适用于多回路系统的研究。在 MATLAB 中,专门提供了与绘制根轨迹有关的函数 Rlocus、Rlocfind、Pzmap 等。频域分析法是应用频率特性研究控制系统的一种经典方法。采用这种方法可直观地表达出系统的频率特性,分析方法比较简单,物理概念比较明确,频域分析法主要包括 Bode 图、Nyquist 曲线、Nichols 图。

1. MATLAB 在自动控制系统分析中的应用

若已知系统的开环模型为 $k=2,k=10$ 时,分别作 Nichols 图线(函数曲线图,即尼古拉斯图),并分析。在 MATLAB 环境下,运用命令行进行系统分析。命令行如下:

```
n=[2];
d=[1 3 2 0];
ngrid('new') nichols(n,d) hold on
n=[10];
```

nichols(n,d)仿真结果如图 2-1 和图 2-2 所示。

由图 2-1 和图 2-2 可知,当 $k=2$ 时,闭环系统约有 6dB 的闭环谐振峰值;当 $k=10$ 时,曲线已经切过无穷大点,因此系统是不稳定的。

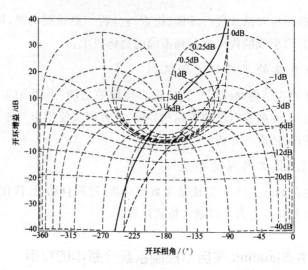

图 2-1 $k=2$ 时系统的 Nichols 图线

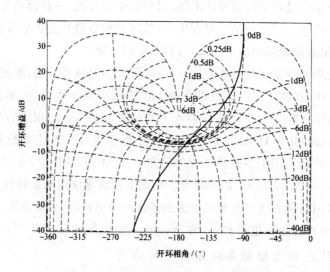

图 2-2 $k=10$ 时系统的 Nichols 图线

2. Simulink 在自动控制系统分析中的应用

若已知系统的开环传递函数为

$$G_0(s) = \frac{10}{s(0.1s+1)}$$

式中，$G_0(s)$ 为开环传递函数。

在 Simulink 仿真环境下做阶跃响应分析，并设计分段阶跃输入信号，使得系统时间相应的超调量 σ 为零。

（1）作单位阶跃仿真。其仿真结构图如图 2-3（a）所示。仿真得到单位阶跃响应的超调量 $\sigma = 16\%$，过渡时间 $t_s = 0.8s$，如图 2-3（b）所示。

（2）设计计算没有超调量的分段阶跃控制信号并进行仿真验证结果。

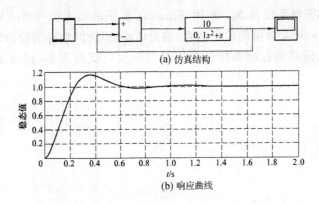

(a) 仿真结构

(b) 响应曲线

图 2-3 控制系统的 Simulink 仿真

①幅值比例分配：因为两段阶跃信号的幅值相加为单位 1（稳态值），即 $s_1+s_2=1$。又设信号 s_1 响应的最大值（即峰值时间 t_{p1} 处）也为单位 1，信号 s_1 的幅值应为 $s_1=1/1.16=0.862$，则 $s_2=1-s_1=0.138$。

②分段阶跃信号叠加时间：信号 s_2 的叠加时间应该是第一阶跃信号的峰值时间，即 $t_{p1}=0.363$。作分段阶跃控制系统的仿真结构图如图 2-4（a）所示，仿真结果曲线如图 2-4（b）、（c）所示。

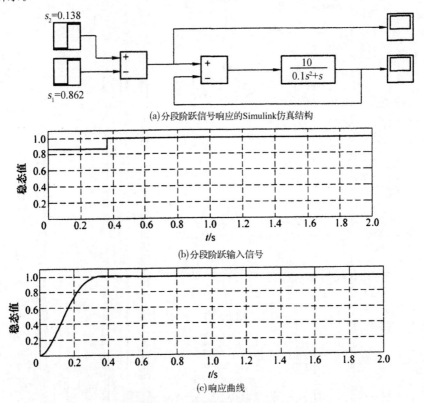

(a) 分段阶跃信号响应的 Simulink 仿真结构

(b) 分段阶跃输入信号

(c) 响应曲线

图 2-4 分段阶跃信号响应的 Simulink 仿真

总之，Simulink 仿真环境是美国 Mathworks 软件公司专门为 MATLAB 设计提供的结构图编程与系统仿真的专用软件。该仿真环境下的用户程序外观就是控制系统的结构图，操作就是依据结构图做系统仿真。利用 Simulink 提供的输入信号对结构图所描述的系统施加激励,利用 Simulink 提供的输出装置(输出口模块)获得系统的输出响应,成为图形化、模块化的控制系统仿真是控制系统仿真工具的一大突破性进步,使得系统仿真工作方便灵活。

第三章

典型电气控制系统分析

虽然工业生产中所用的各种设备的拖动控制方式和电气控制电路各不相同,但多数是建立在继电器、接触器基本控制电路基础之上的。在此通过对典型生产机械电气控制系统的分析,一方面可以进一步熟悉电气控制系统的组成及各种基本控制电路的应用,掌握分析电气控制系统的方法,培养阅读电气控制图的能力;另一方面,通过对几种具有代表性的机械设备电气控制系统及其工作原理的分析,加深对机械设备中机械、液压与电气控制有机结合的理解,为培养电气控制系统的分析和设计工作能力奠定基础。

第一节 分析电气控制系统的方法与步骤

生产设备的电气控制系统一般是由若干基本控制电路组合而成,结构相对复杂。为能够正确认识控制系统的工作原理和特点,必须采用合理的方法、步骤进行分析。

一、分析电气控制系统的方法

对生产设备电气控制系统进行分析时,首先需要对设备整体有所了解,在此基础上,才能有效地针对设备的控制要求,分析电气控制系统的组成与功能。设备整体分析包括以下三个方面。

1. 机械设备概况调查

通过阅读生产机械设备的有关技术资料,了解设备的基本结构及工作原理、设备的传动系统类型及驱动方式、主要技术性能和规格、运动要求等。

2. 电气控制系统及电气元件的状况分析

明确电动机的用途、型号规格及控制要求,了解各种电器的工作原理、控制作用及功能,包括按钮、选择开关和行程开关等主令信号发出元件和开关元件;接触器、时间继电器等各种继电器类控制元件；电磁换向阀、电磁离合器等各种电气执行元件；变压器、熔断器等保证电路正常工作的其他电气元件。

3. 机械系统与电气控制系统的关系分析

在了解被控设备所采用的电气控制系统结构、电气元件状况的基础上，还应明确机械系统与电气系统之间的连接关系，即信息采集传递和运动输出的形式与方法。信息采集传递是指信号通过设备上的各种操作手柄、挡铁及各种信息检测机构作用在主令信号发出元件上，并传递到电气控制系统中的过程；运动输出是指电气控制系统中的执行元件将驱动力作用到机械系统上的相应点，并实现设备要求的各种动作。

掌握了机械及电气控制系统的基本情况后，即可对设备电气控制系统进行具体的分析。通常在分析电气控制系统时，首先将控制电路进行划分，整体控制电路经"化整为零"后形成简单明了、控制功能单一或由少数简单控制功能组合的局部电路，这样可给分析电气控制系统带来很大的方便。进行电路划分时，可依据驱动形式，将电路初步划分为电动机控制电路部分和液压传动控制电路部分；根据被控电动机的台数，将电动机控制电路部分再加以划分，使每台电动机的控制电路成为一个局部电路部分；对控制要求复杂的电路部分，也可以进一步细分，使每一个基本控制电路或若干个基本控制电路成为一个局部分析电路单元。

二、分析电气控制系统的步骤

根据上述电气控制系统的分析方法，将电气控制系统的分析步骤归纳如下。

1. 设备运动分析

分析生产工艺要求的各种运动及其实现方法，对有液压驱动的设备要进行液压系统工作状态分析。

2. 主电路分析

确定动力电路中用电设备的数目、接线状况及控制要求，控制执行件的设置及动作要求，包括交流接触器主触点的位置，各组主触点分、合的动作要求，限流电阻的接入和短接等。

3. 控制电路分析

分析各种控制功能实现的方法及其电路工作原理和特点。经过"化整为零"，分析每一个局部电路的工作原理及各部分之间的控制关系之后，还必须"集零为整"，统观整个电路的保护环节及电气原理图中其他辅助电路（如检测、信号指示、照明等电路），检查整个控制电路，看是否有遗漏，特别要从整体角度，进一步检查和理解各控制环节之间的联系，理解电路中每个元件所起的作用。

第二节　特种机电设备检验数据规范化研究

很多的机电类特种设备都需要定期进行检验，这样不仅有助于提高机电类特种设备的安全系数，也能够更好地加以管理。因此我们必须要对机电类特种设备的检验数据进行规范化的研究,这样也才能够更好地促进机电类特种设备维修的稳定性和安全性。下面主要对几种不同机电类特种设备进行分析,并且对其检验数据的规范化进行详细的分析说明。

一、机电类特种设备概述

1. 机电类特种设备的分类

在生活中存在很多的特种设备。特种设备是指对人身安全和财产安全有较大威胁的各种机械类设备。机电类特种设备一般是以电力为能源,并且可以给人们的生产生活带来便捷,但可能对人身安全和财产安全存在威胁的一些设备。这些设备可能会产生剪切、坠落、失去稳定性、失去效应、倒塌等种种状况。其中如起重机、电梯、扶梯、客运索道、大型游乐场设备,都是人们所熟知的。它们都对人们的生活有很大的影响。人们对于这些东西的依赖性也是十分巨大的。

2. 机电类特种设备的重要性

机电类特种设备在人们生活中是十分常见的。虽然它被定义为特种设备一类,可能对人身安全或者财物安全造成一定的损失,甚至威胁人的生命,但是它们在人们的生活中还是广泛存在的。这就足以说明它们给人们的生活带来了很多方便,是不可或缺的。电梯是人们生活中重要的工具之一,可以带给人们很多的方便。人们可以解放自己的双腿不用再劳累地爬楼梯,并且可以大大减少所用的时间。就更多的高层而言,电梯的存在是必不可少的。如上海的世贸大厦的高速电梯可以达到 8m/s 的速度,就 600m 的楼层来说电梯是必需的。起重机可以在建筑中起到很大的作用,如果没有起重机,那么用人力搬运沉重的建筑材料到很高的地方无疑是困难的。大型的游乐场设施中更是少不了这些设备,如摩天轮等都给人们带来了很大的乐趣。

3. 机电类特种设备的检测方式

人们有很多种检测机电类特种设备的方法。不同的设备进行的检测方式也是不同的,并且不同设备有不同的检测方面。如电梯需要对其钢缆、电梯门的感应器等进行检测,而对于体型稍微较小的设备则要进行探伤检测,探测其内部的体系是否有裂痕等。

二、检测数据规范化及作用

1. 如何规范检测数据

在机电类的特种设备检测中我们要规范检测数据,这是十分必要的。检测方式有物理方面的外表性检测,也有内里的射线检测、超声波检测、磁粉检测、钢丝绳电磁无损检测、声发射技术检测等。在这些检测中得到的数据是多种多样的,我们需要一个完善的检测体系,在这种完善的检测体系下对这些设备进行一定的检测。需要检测的东西很多,所以要逐一分类检测,同时建立一个大型的数据库实现数据的交互行为。每一个检测项目都用同一个标准为检测数据进行存入,在这样规范化的检测行为下我们可以得到规范化的数据。

2. 检测数据规范化的作用

检测数据的规范化有着十分重要的作用。如今科技快速发展,检测的方式很多,需要检测的东西也有很多,同时在大数据云服务的情况下得到了很多有用的数据。人们可以在网上进行数据的交互,浏览大量信息。对于数据的规范化就相当于为其添加了一个度量衡,每一个人都用同一个标准进行数据的规范化读取,每个维修人员或者工程师都可以看懂,在机械的检修维护行为中可以快速清晰地了解机械现在的情况。同时可以在交互数据的情况下,进行数据的对比处理,快速地分析问题的起因,快速解决存在的问题,使机械的维修维护更方便、快捷。

3. 数据规范化的重要性

检测数据规范化的重要性是不言而喻的。重要性不是必要性,不是必须去做的,但是做了会有很大的好处。数据的规范化像度量衡一般,对于每一个维修保养工人都是十分重要的一个指标。同时对于机械的设计工程师也是十分重要的,工程师可以分析数据,得到机械的利弊,在再次设计生产中可以改掉许多机械存在的弊病。数据的规范化就是给了工程师一个准则,使工程师的阅读更加方便。并且由于统计数据的大量化、多地区的性质,工程师可以很好地分析由于不同的环境带来的不同影响。在这种情况下,可以更好地解决因地区差异而带来的故障损坏。

第三节 普通车床的电气控制系统分析

卧式车床是机械加工中应用最为广泛的机床之一,它能完成多种多样的表面加工,包括车削各种轴类、套筒类和盘类零件的回转表面,如内外圆柱面、圆锥面、环槽及成型转面,车削端面及各种常用螺纹,配合钻头、铰刀等还可进行孔加工。不同型号的卧式车床其电动机的工作要求不同,因而其电气控制系统也不尽相同,但从总体上看,卧式车床运动形式简单,多采用机械调速,相应的电气控制系统不复杂。下面以 C650 卧式车床电气控制系统为例,介绍电气控制系统的一般分析过程。

一、卧式车床结构和运动

C650 卧式车床结构主要由床身、主轴、主轴变速箱、尾座、进给箱、丝杠、光杠、刀架和溜板箱等组成。该卧式车床属于中型车床,可加工的最大工件回转直径为 1020mm,最大工件长度为 3000mm。

车削的主运动是主轴通过卡盘带动工件的旋转运动,它的运动速度较高,消耗的功率较大。进给运动是由溜板箱带动溜板和刀架做纵、横两个方向的运动,进给运动的速度较低,所消耗的功率也较小。由于在车削螺纹时,要求主轴的旋转速度与刀具的进给速度保持严格的比例,因此,C650 卧式车床的进给运动也由主轴电动机来拖动,主轴电动机的动力由主轴箱、挂轮箱传到进给箱,再由光杆或丝杆传到溜板箱。

由于加工的工件尺寸较大,加工时其转动惯量也比较大,为提高工作效率,需采用停车制动。在加工时,为防止刀具和工件温度过高,需要配备冷却泵及冷却泵电动机。为减轻工人的劳动强度以及减少辅助工时,要求溜板箱能够快速移动。

二、电力拖动特点与控制要求

1．主电动机控制要求

主电动机为三相笼型异步电动机，完成主轴运动和进给运动的拖动。主电动机直接启动，能够正、反两个方向旋转，并可对正、反两个旋转方向进行电气停车制动；为了加工、调整方便，还要具有点动功能。

2．冷却泵电动机控制要求

冷却泵电动机在加工时带动冷却泵工作提供冷却液，采用直接启动，并且为连续工作状态。

3．快速移动电动机控制要求

快速移动电动机可根据需要随时手动控制启停。

三、电气控制系统分析

C650 卧式车床的电气控制系统如图 3-1 所示，图中所用的电气元件与功能说明如表 3-1 所示。下面就根据"化整为零"的原则对 C650 卧式车床的主电路及控制电路进行具体分析。

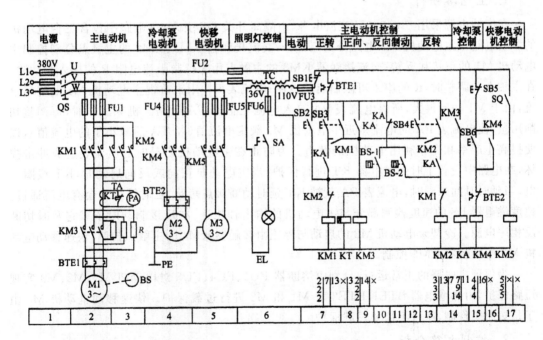

图 3-1　C650 卧式车床的电气控制系统

表 3-1 电气元件符号及功能说明

符号	名称及用途	符号	名称及用途
M1	主电动机	SB1	总停按钮
M2	冷却泵电动机	SB2	主电动机正向点动按钮
M3	快速移动电动机	SB3	主电动机正转按钮
KM1	主电动机正转接触器	SB4	主电动机反转按钮
KM2	主电动机反转接触器	SB5	冷却泵电动机停止按钮
KM3	短接限流电阻接触器	SB6	冷却泵电动机启动按钮
KM4	冷却泵电动机启动接触器	TC	控制变压器
KM5	快移电动机启动接触器	FU1~FU6	熔断器
KA	中间继电器	BTE1	主电动机过载保护热继电器
KT	通电延时时间继电器	BTE2	冷却泵电动机过载保护热继电器
SQ	快移电动机点动行程开关	R	限流电阻
SA	选择开关	EL	照明灯
BS	速度继电器	TA	电流互感器
PA	电流表	QS	隔离开关

1. 主电路分析

车床的电源采用三相380V交流电源,由隔离开关QS引入,主电路中包含三台电动机的驱动电路。主电动机M1电路分为三部分:交流接触器KM1、KM2的主触点分别控制主电动机M1的正转和反转;交流接触器KM3的主触点用于控制限流电阻R的接入与切除,在主轴点动调整时,R的串入可限制启动电流;电流表PA用来监视主电动机M1的绕组电流,由于M1功率很大,所以电流表PA接入电流互感器TA回路。机床工作时,可调整切削用量,使电流表PA的电流接近主电动机M1额定电流值(经TA后减小了的电流值),以便提高生产率和充分利用电动机的潜力。为防止在主电动机启动时对电流表造成冲击损坏,在电路中设置了时间继电器KT进行保护:当主电动机正向或反向启动时,KT线圈通电,当延时时间未到时,电流表PA就被KT延时动断触点短路,延时结束才会有电流通过。速度继电器BS的速度检测部分与主电动机的输出轴相连,在反接制动时依靠它及时切断反相序电源。冷却泵电动机M2的启动与停止由接触器KM4的主触点控制,快速移动电动机M3由接触器KM5控制。

为保证主电路的正常运行,分别由熔断器FU1、FU4、FU5对电动机M1、M2、M3实现短路保护,由热继电器BTE1、BTE2对M1和M2进行过载保护。快速移动电动机M3由于是短时工作制,所以不需要过载保护。

2. 控制电路分析

控制电路因电气元件很多,故通过控制变压器TC同三相电网进行电隔离,从而提高了操作和维修时的安全性,其所需的110V交流电源也由控制变压器TC提供,由FU3作短路保护。"化整为零"后控制电路可划分为主电动机M1、冷却泵电动机M2及快移电动机M3三部分。主电动机M1控制电路较复杂,因而还可进一步对其控制电路进行划分,下面对各局部控制电路逐一进行分析。

(1)主电动机的点动调整控制:如图 3-2(a)所示,当按下点动按钮 SB2 时,接触器 KM1 线圈通电,其主触点闭合,由于 KM3 线圈没接通,因此电源必须经限流电阻 R 进入主电动机,从而减小了启动电流,此时电动机 M1 正向直接启动。

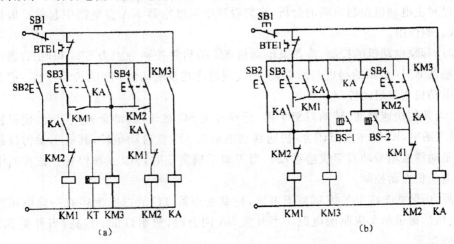

图 3-2 主电动机 M1 的控制电路

由于 KM3 线圈未得电,其辅助动合触点不闭合,中间继电器 KA 不工作,所以虽然 KM1 的辅助动合触点已闭合,但不自锁。因而松开 SB2 后,KM1 线圈立即断电,主电动机 M1 停转。这样就实现了主电动机的点动控制。

(2)主电动机的正反转控制:车床主轴的正反转是通过主电动机的正反转来实现的。主电动机 M1 的额定功率为 30kW,但只是在车削加工时消耗功率较大,而启动时负载很小,因此启动电流并不很大,在非频繁点动的情况下,仍可采用全压直接启动。

分析图 3-2(a),当按下正向启动按钮 SB3 时,交流接触器 KM3 线圈和通电延时时间继电器 KT 线圈同时得电。KT 通电,其位于 M1 主电路中的延时动断触点短接电流表 PA,延时断开后,电流表接入电路正常工作,从而使其免受启动电流的冲击;KM3 通电,其主触点闭合,短接限流电阻 R,辅助动合触点闭合,使得 KA 线圈得电。KA 动断触点断开,分断反接制动电路;动合触点闭合,一方面使得 KM3 在松开 SB3 后仍保持通电,进而 KA 也保持通电,另一方面使得 KM1 线圈通电并形成自锁,KM1 主触点闭合,此时主电动机 M1 正向直接启动。

SB4 为反向启动按钮,反向直接启动过程同正向类似,不再赘述。

(3)主电动机的反接制动控制:图 3-2(b)为主电动机反接制动的局部控制电路。C650 车床停车时采用反接制动方式,用速度继电器 BS 进行检测和控制。下面以正转状态下的反接制动为例说明电路的工作过程。

当主电动机 M1 正转运行时,由速度继电器工作原理可知,此时 BS 的动合触点 BS-2 闭合。当按下总停按钮 SB1 后,原来通电的 KM1、KM3、KT 和 KA 线圈全部断电,它们的所有触点均被释放而复位。当松开 SB1 后,由于主电动机的惯性转速仍很大,BS-2 的动合触点继续保持闭合状态,使反转接触器 KM2 线圈立即通电,其电流通路是:SB1→BTE1→KA 动断触点→BS-2→KM1 动断触点→KM2 线圈。这样主电动机 M1 开始反接制动,反向电磁转矩将平衡正向惯性转动转矩,电动机正向转速很快降下来。当转速接近于零时,BS-2

动合触点复位断开,从而切断了 KM2 线圈通路,至此正向反接制动结束。反转时的反接制动过程与上述过程类似,只是在此过程中起作用的为速度继电器的 BS-1 动合触点。

反接制动过程中由于 KM3 线圈未得电,因此限流电阻 R 被接入主电动机主电路,以限制反接制动电流。

通过对主电动机控制电路的分析,我们看到中间继电器 KA 在电路中起着扩展接触器 KM3 触点的作用。

(4)冷却泵电动机的控制:冷却泵电动机 M2 的启停按钮分别为 SB6 和 SB5,通过它们控制接触器 KM4 线圈的得电与断电,从而实现对冷却泵电动机 M2 的长动控制。它是一个典型的电动机直接启动控制环节。

(5)刀架的快速移动:转动刀架手柄,行程开关 SQ 被压,其动合触点闭合,使得接触器 KM5 线圈通电,KM5 主触点闭合,快速移动电动机 M3 就启动运转,其输出动力经传动系统最终驱动溜板箱带动刀架快速移动。当刀架手柄复位时,M3 立即停转。该控制电路为典型的电动机点动控制。

另外,由卧式车床电气控制系统可知,控制变压器 TC 的二次侧还有一路电压为 36V(安全电压),提供给车床照明电路。当开关 SA 闭合时,照明灯 EL 点亮;当开关 SA 断开时,EL 就熄灭。

第四节　卧式铣床的电气控制系统分析

在机械加工工艺中,铣削是一种高效率的加工方式。铣床的种类很多,有卧铣、立铣、龙门铣、仿形铣及各种专用铣床等。

卧式万能升降台铣床可用来加工平面、斜面和沟槽等,装上分度头后还可以铣切直齿齿轮和螺旋面,如果装上圆工作台还可以铣切凸轮和弧形槽等,是一种常用的通用机床。

一、卧式铣床的主要结构和运动

卧式万能升降台铣床具有主轴转速高、调速范围宽、操作方便和加工范围广等特点,主要由床身、主轴、悬梁、刀杆支架、工作台、升降工作台、底座和滑座等部分组成。

铣床床身内装有主轴的传动机构和变速操纵机构,由主轴带动铣刀旋转,一般中小型铣床都采用三相笼型异步电动机拖动,主轴的旋转运动是主运动,它有顺铣和逆铣两种加工方式,并且同工作台的进给运动之间无严格传动比要求,所以主轴由主电动机拖动。

床身的前侧面装有垂直导轨,升降台可沿导轨上下移动。在升降台上面装有水平工作台,它不仅可随升降台上下移动,还可以在平行于主轴轴线方向(横向,即前后)和垂直于轴线方向(纵向,即左右)移动。因此,水平工作台可在上下、左右及前后方向上实现进给运动或调整位置,运动部件在各个方向上的运动由同一台进给电动机拖动。

矩形工作台上还可以安装圆工作台,使用圆工作台可铣削圆弧、凸轮。进给电动机经机械传动链,通过机械离合器在选定的进给方向上驱动工作台进给。

二、电力拖动特点与控制要求

主轴旋转运动与工作台进给运动分别由单独的电动机拖动,控制要求也不相同。

1. 主轴电动机控制要求

主轴电动机 M1 空载时直接启动;为完成顺铣和逆铣,需要带动铣刀主轴正转和反转;为提高工作效率,要求有停车制动控制;同时从安全和操作方便考虑,换刀时主轴必须处于制动状态;主轴电动机可在两端启停控制;为保证变速时齿轮易于啮合,要求变速时主电动机有点动控制。

2. 冷却泵电动机控制要求

电动机 M2 拖动冷却泵,在铣削加工时提供切削液。

3. 进给电动机控制要求

工作台进给电动机 M3 直接启动;为满足纵向、横向、垂直方向的往返运动,要求进给电动机能正转和反转;为提高生产效率,空行程时应快速移动;进给变速时,也需要瞬时点动调整控制;从设备使用安全考虑,各进给运动之间必须互锁,并由手柄操作机械离合器选择进给运动的方向。

4. 主轴电动机与进给电动机启停顺序要求

铣床加工零件时,为保证设备安全,要求主轴电动机启动后进给电动机方能启动。

三、电气控制系统分析

图 3-3 所示为 X62W 型卧式万能升降台铣床的电气控制系统原理图。由图可知,该铣床电气控制系统可分为主电路、控制电路和照明电路三部分,图中所用电气元件及功能说明如表 3-2 所示。下面以"化整为零"的方法进行具体分析。

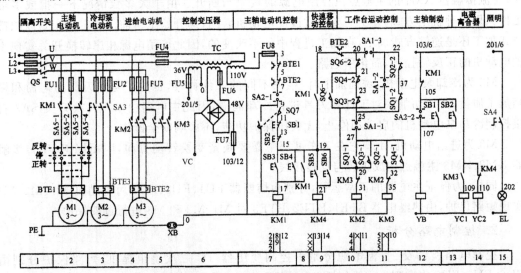

图 3-3　X62W 型卧式万能升降台铣床的电气控制系统原理

表 3-2 电气元件符号及功能说明

符号	名称及用途	符号	名称及用途
M1	主电动机	SA4	照明灯开关
M2	冷却泵电动机	SA5	主轴换向开关
M3	进给电动机	QS	电源隔离开关
KM1	主电动机启动接触器	SB1、SB2	主轴停止按钮
KM2	进给电动机正转接触器	SB3、SB4	主轴启动按钮
KM3	进给电动机反转接触器	SB5、SB6	工作台快速移动按钮
KM4	快速移动接触器	BTE1	主轴电动机热继电器
SQ1	工作台向右进给行程开关	BTE2	进给电动机热继电器
SQ2	工作台向左进给行程开关	BTE3	冷却泵热继电器
SQ3	工作台向前、向下进给行程开关	FU1～FU8	熔断器
SQ4	工作台向后、向上进给行程开关	TC	变压器
SQ6	进给变速瞬时点动行程开关	VC	整流器
SQ7	主轴变速瞬时点动行程开关	YB	主轴制动电磁制动器
SA1	工作台转换开关	YC1	电磁离合器(快移传动链)
SA2	主轴换刀制动开关	YC2	电磁离合器(进给传动链)
SA3	冷却泵开关		

1. 主电路

图 3-3 主电路中共有三台电动机,M1 为主电动机,其正反转通过组合开关 SA5 手动切换,交流接触器 KM1 的主触点只控制电源的接入与断开。由于大多数情况下一批或多批工件只用一种铣削方式,并不需要经常改变电动机转向,即开始工作前已选定铣床是以顺铣方式加工还是逆铣方式加工,在加工过程中是不改变的,因此可用电源相序转换开关实现主轴电动机的正反转控制,简化了电路。

M2 为冷却泵电动机,铣削加工时,根据不同的工件材料,也为了延长刀具的寿命和提高加工质量,需要切削液对工件和刀具进行冷却润滑,因此主电路中采用转换开关 SA3 直接控制冷却泵电动机的启动和停止,无失压保护功能,不影响安全操作。

M3 为进给电动机,由于它在工作过程中需要频繁变换转动方向,因而用正、反转接触器 KM2、KM3 主触点构成正转与反转接线。

同样,为保证主电路的正常运行,分别由熔断器 FU1、FU2、FU3 对电动机 M1、M2、M3 实现短路保护,由热继电器 BTE1、BTE2、BTE3 对 M1、M2 和 M3 进行过载保护。

2. 控制电路分析

控制电路所需交、直流电源分别由控制变压器 TC 二次绕组提供,短路保护分别由 FU8、FU6、FU7 来实现。主要包括主电动机 M1 和进给电动机 M2 两部分控制电路,由于 M1 和 M2 的控制电路均较复杂,因此还需进一步划分,下面对各局部控制电路逐一进行分析。

（1）主轴电动机 M1 的控制。

主轴电动机启动控制：启动前，根据所用铣削方式由组合开关 SA5 选定电动机的转向，控制电路中选择开关 SA2 扳到主轴电动机正常工作的位置，此时 SA2-1 触点闭合，SA2-2 触点断开。为方便操作，本机床采用了两端启停控制，因此，当按下启动按钮 SB3 或 SB4 时，即可接通主轴电动机启动控制接触器 KM1 的线圈电路，其主触点闭合，主轴电动机按给定方向启动旋转。按下复合按钮 SB1 或 SB2 时，主轴电动机停转。

主轴电动机停车制动及换刀制动：为减小负载波动对铣刀转速的影响，主轴上装有飞轮使得转动惯量很大。因此，为了提高工作效率，要求主轴电动机停车时要有制动控制，该控制电路采用电磁制动器 YB 对主轴进行停车制动。停车时，按下复合按钮 SB1 或 SB2，其动断触点断开，使接触器 KM1 线圈失电，KM1 主触点断开，切断电动机定子绕组电源；同时 SB1 或 SB2 动合触点闭合，接通电磁制动器 YB 的线圈电路，使得制动器中的闸瓦迅速抱住闸轮，主轴电动机立即停止运转。在主轴停车后，方可松开按钮 SB1 或 SB2。

当进行换刀或上刀操作时，为了防止主轴转动造成意外事故，也为了上刀方便，主轴也须处在断电停车和制动的状态。此时可将选择开关 SA2 的工作状态扳到上刀制动状态位置，即 SA2-1 触点断开，切断接触器 KM1 的线圈电路，使主轴电动机不能启动；SA2-2 触点闭合，同样可接通电磁制动器 YB 的线圈电路，使主轴处于制动状态不能转动，保证上刀、换刀工作的顺利进行及人身安全。

主轴变速时的瞬时点动：铣床主轴的变速由机械系统完成，在变速过程中，当选定啮合的齿轮没能进入正常啮合时，要求电动机能点动至合适的位置，保证齿轮正常啮合。具体控制过程为主轴变速时先将变速手柄拉出，使原先啮合好的齿轮脱离，然后转动变速手轮选择转速，选定转速后将变速手柄推回原位，使齿轮在新位置重新啮合。由于齿与齿槽可能对不准，会造成啮合困难。若齿轮不能进入正常啮合状态，则需要主轴有瞬时点动的功能，以调整齿轮相对位置。实现瞬时点动是由复位手柄与行程开关 SQ7 共同控制的。当变速手柄复位时，在推进的过程中会压动瞬时点动行程开关 SQ7，使其动断触点先断开，切断 KM1 线圈电路的自锁；SQ7 的动合触点闭合，使接触器 KM1 线圈得电，主轴电动机 M1 转动。变速手柄复位后，行程开关 SQ7 被释放，因此电动机 M1 断电。此时并未采取制动措施，电动机 M1 产生一个冲动齿轮系统的力，使齿轮系统微动，保证了齿轮的顺利啮合。

在变速操作时要注意，手柄复位要求迅速、连续，一次不到位时应立即拉出，以免行程开关 SQ7 没能及时松开，使电动机转速上升，在齿轮未啮合好的情况下打坏齿轮。再重新进行复位瞬时点动的操作，直至完全复位，齿轮正常啮合工作。

（2）进给电动机 M3 的控制。

顺序控制：为防止刀具和机床的损坏，只有主轴旋转后，才允许有进给运动。控制主轴电动机的启动接触器 KM1 辅助动合触点串接在工作台运动控制电路中，这样就可保证只有主轴旋转后工作台才能进给的互锁要求。

水平工作台运动控制：水平工作台移动方向由各自的操作手柄来选择，一般卧式万能升降台铣床工作台有两个操作手柄，一个为纵向（左右）操作手柄，有右、中、左三个位置；另一个为横向（前后）和垂直（上下）十字复合操作手柄，该手柄有五个位置，即上、下、前、后和中间位置。SA1 为工作台转换开关，它是一种二位式选择开关。当使用水平工作台时，触点 SA1-1 与 SA1-3 闭合；当使用圆工作台时，触点 SA1-2 闭合。

水平工作台纵向进给运动由纵向操作手柄与行程开关 SQ1、SQ2 联合控制。主轴电动机启动后,若要工作台向右进给,需将纵向手柄扳向右,通过其联动机构将纵向进给离合器挂上,接通纵向进给运动的机械传动链,同时压动行程开关 SQ1,使 SQ1 动合触点 SQ1-1 闭合,动断触点 SQ1-2 断开;于是接通进给电动机 M3 正转接触器 KM2 线圈电路,其主触点闭合,M3 正转,驱动工作台向右移动进给。KM2 线圈通电的电流通路从 KM1 辅助动合触点开始,电流经 SQ6-2→SQ4-2→SQ3-2→SA1-1→SQ1-1→KM3 辅助动断触点到 KM2 线圈。从此电流通路中不难看到,如果操作者误将十字复合手柄扳向工作位置时,则 SQ4-2 和 SQ3-2 中必有一个断开,使 KM2 线圈无法通电。这样就可实现工作台左右移动同前后及上下移动之间的连锁控制。水平工作台向左移动时电路的工作原理与向右时相似,不再赘述。

如将纵向手柄扳到中间位时,纵向机械离合器脱开,行程开关 SQ1 与 SQ2 不受压,因此进给电动机 M3 不转动,工作台停止移动。工作台的左、右终端安装有限位挡块,当工作台运行到达终点位时,左、右操作手柄在挡块作用下处于中间停车位置,用机械方法使 SQ1 或 SQ2 复位,从而将 KM2 或 KM3 断电,实现了限位保护。

水平工作台横向和垂直进给运动的选择和连锁通过十字复合手柄和行程开关 SQ3、SQ4 联合控制,该十字复合手柄有上、下、前、后四个工作位置和中间一个不工作位置。当向下或向前扳动操作手柄时,通过联动机构将控制垂直或横向运动方向的机械离合器合上,即可接通该运动方向的机械传动链。同时压动行程开关 SQ3,使 SQ3 动合触点 SQ3-1 闭合,动断触点 SQ3-2 断开,于是接通进给电动机 M3 正转接触器 KM2 线圈电路,其主触点闭合,M3 正转,驱动工作台向下或向前移动进给。KM2 线圈通电的电流通路仍从 KM1 辅助动合触点开始,电流经 SA1-3→SQ2-2→SQ1-2→SA1-1→SQ3-1→KM3 辅助动断触点到 KM2 线圈。上述电流通路中的动断触点 SQ2-2 和 SQ1-2 用于工作台前后及上下移动同左右移动之间的连锁控制。

当十字复合操作手柄向上或向后扳动时,将压动行程开关 SQ4,使得控制进给电动机 M3 反转的接触器 KM3 线圈得电,M3 反转,驱动工作台向上或向后移动进给。其连锁控制原理与向下或向前移动控制类似。

当十字复合操作手柄扳在中间位置时,横向或垂直方向的机械离合器脱开,行程开关 SQ3 与 SQ4 均不受压,因此进给电动机停转,工作台停止移动。在床身上同样也设置了上、下和前、后限位保护用的终端挡块,当工作台移动到极限位置时,挡块撞击十字手柄,使其回到中间位置,切断电路,使工作台在进给终点停车。

在同一时间内,工作台只允许向一个方向移动,为防止机床运动干涉造成设备事故,各运动方向之间必须进行连锁。而操作手柄在工作时,只存在一种运动选择,因此铣床进给运动之间的连锁由两操作手柄之间的连锁来实现。

连锁控制电路由两条电路并联组成,纵向操作手柄控制的行程开关 SQ1、SQ2 的动断触点串联在一条支路上,十字复合操作手柄控制的行程开关 SQ3、SQ4 的动断触点串联在另一条支路上。当进行某一方向的进给运动时,需扳动一个操作手柄,这样只能切断其中一条支路,另一条支路仍能正常通电,使接触器 KM2 或 KM3 的线圈得电。若进给运动时由于误操作扳动另一个操作手柄,则两条支路均被切断,接触器 KM2 或 KM3 立即断电,使工作台停止移动,从而对设备进行了保护。

在进行对刀时,为了缩短对刀时间,要求水平工作台不做铣削加工时应能快速移动,水平工作台在进给方向选定后是快速移动还是进给运动,取决于电磁离合器 YC1、YC2 线圈的得电与断电。快速移动为手动控制,在主轴电动机启动以后,按下启动按钮 SB5 或 SB6,接触器 KM4 便以"点动方式"通电。其辅助动断触点断开,进给电磁离合器 YC2 线圈失电,断开工作进给传动链;KM4 辅助动合触点闭合,使快移电磁离合器 YC1 线圈得电,接通快速移动传动链,水平工作台沿给定的进给方向快速移动。当进入铣削行程时,松开按钮 SB5 或 SB6,KM4 线圈失电,其辅助动断触点复位,接通进给传动链,水平工作台在原方向继续以工作进给状态移动。

与主轴变速类似,水平工作台变速同样由机械系统完成。为了使变速时齿轮易于啮合,进给电动机 M3 控制电路中也设置了点动控制环节。变速应在工作台停止移动时进行,具体的操作过程是:在主电动机 M1 启动以后,拉出变速手柄,同时转动至所需的进给速度,再将手柄推回原位。变速手柄在复位的过程中压动点动行程开关 SQ6,使得 SQ6-2 断开,SQ6-1 闭合,短时接通 KM2 的线圈电路,使进给电动机 M3 转动。KM2 线圈通电的电流通路为从 KM1 辅助动合触点开始,电流经 SA1-3→SQ2-2→SQ1-2→SQ3-2→SQ4-2→SQ6-1→KM3 辅助动断触点到 KM2 线圈。可见,若左、右操作手柄和十字手柄中有一个不在中间停止位置,此电流通路便被切断。变速手柄复位后,松开行程开关 SQ6。与主轴瞬时点动操作相同,也要求手柄复位时迅速、连续,一次不到位,应立即拉出变速手柄,再重复瞬时点动的操作,直到齿轮处于良好啮合状态,保证工作正常进行。

圆工作台控制:为了扩大铣床的加工能力,还可在水平工作台上安装圆工作台,以实现圆弧、凸轮的铣削加工。圆工作台工作时,要求所有进给系统停止工作,即水平工作台的两个操作手柄均扳在中间停止位置,只允许圆工作台绕轴心转动。

当工件在圆工作台上安装好以后,用快速移动方法将工件和铣刀之间的位置调整好,扳动工作台选择开关 SA1,使其置于圆工作台"接通"位置。此时触点 SA1-2 闭合,触点 SA1-1 与 SA1-3 断开。在主轴电动机 M1 启动以后,工作台选择开关 SA1 的触点 SA1-2 闭合,接通接触器 KM2 的线圈电路,其主触点闭合,进给电动机 M2 正转,拖动圆工作台转动,该铣床中圆工作台只能单方向旋转。控制电路由主轴电动机控制接触器 KM1 的辅助动合触点开始,工作电流经 SQ6-2→SQ4-2→SQ3-2→SQ1-2→SQ2-2→SA1-2→KM3 辅助动合触点→KM2 线圈。由上述电流通路可见,圆工作台的控制电路中串联了水平工作台的四个工作行程开关 SQ1~SQ4 的动断触点,因此水平工作台任一操作手柄只要扳到工作位置,都会压动行程开关,从而切断圆工作台的控制电路,使其立即停止转动,由此实现水平工作台进给运动和圆工作台转动之间的连锁保护控制。

该卧式铣床的局部照明由控制变压器 TC 供给 36V 安全电压,灯开关为 SA4,FU5 实现照明电路的短路保护。

第五节　双面单工位液压传动组合

组合机床是根据给定工件的加工工艺而设计制造的一种高效率自动化专用加工设备,可实现多刀(多轴)、多面、多工位同时进行钻、扩、铰、镗、铣等加工,并具有自动循环功能,在成批或大生产中得到广泛的应用。

组合机床由具有一定功能的通用部件(如动力部件、支撑部件、输送部件和控制部件等)和加工专用部件(如夹具、多轴箱等)组成,其中动力部件是组合机床通用部件中最主要的一类部件。动力部件常采用电动机驱动或液压系统驱动,由电气控制系统实现自动循环的控制,是典型的机电或机电液一体化的自动化加工设备。

各标准通用动力部件的控制电路是独立且完整的,当一台组合机床由多个动力部件组合构成时,该机床的控制电路即由各动力部件各自的控制电路通过一定的连接电路组合而成。对于此类由多动力部件构成的组合机床,其控制通常有三方面的工作要求:

(1)动力部件的点动及复位控制。

(2)动力部件的单机自动循环控制(也称半自动循环控制)。

(3)整机全自动工作循环控制。

下面以双面粗铣组合机床为例,分析这类双面单工位组合机床的电气控制系统。

一、机床结构与运动

双面粗铣组合机床是在工件两个相对表面上进行铣削的一种高效自动化专用加工设备,可用于对铸件、钢件及有色金属件的大平面铣削,一般用于箱体类零件的生产线上。两个动力滑台相对安装在底座上,左、右铣削动力头固定在滑台上,中间的铣削工作台实现进给,再配以各种夹具和刀具,即可进行平面铣削加工。

双面粗铣组合机床的控制过程是典型的顺序控制,铣削工作台及左、右动力滑台的液压传动系统工作加工时,先将工件装入夹具夹紧后,按下启动按钮,机床工作的自动循环过程开始。首先左、右铣削头同时快进,此时刀具电动机也启动工作,至行程终端停下;接着铣削工作台快进、工进;铣削完毕后,左、右铣削头快速退回原位,同时刀具电动机也停止运转;最后铣削工作台快速退回原位,夹具松开并取出工件,一次加工循环结束。

二、电力拖动特点与控制要求

双面粗铣组合机床采用电动机和液压系统相结合的驱动方式。

1. 液压驱动系统分析

机床的左、右动力滑台和铣削工作滑台均由液压系统驱动。图 3-4 为液压系统原理图,该系统采用限压式变量泵供油、电液动换向阀换向、快进由液压缸差动连接来实现。用行程阀实现快进与工进的转换、二位二通电磁换向阀用来进行两个工进速度之间的转换,为了保证进给的尺寸精度,采用了止挡块停留来限位。左、右动力滑台的快进、快退动作分别由两个液压缸来完成,并由两个三位四通电磁换向阀分别对两个方向的运动进行切换。其中电磁阀线圈 YA3-1 与 YA3-2 控制左缸换向,电磁阀线圈 YA4-1 与 YA4-2 控制右缸换向,以完成快进和快退;铣削工作台液压缸由电磁阀线圈 YA1-1 与 YA2-1 控制快进和工进,电磁阀线圈 YA1-2 控制快退。各工步电磁阀线圈通电状态如表 3-3 所示。

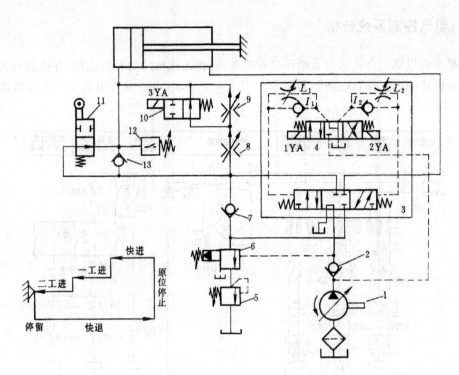

图 3-4　液压系统原理

表 3-3　电磁阀线圈通电状态

| 工步 | 电磁阀线圈通电状态 | | | | | | | | 电动机运行 | | 转换主令 |
	YA1-1	YA1-2	YA2-1	YA2-2	YA3-1	YA3-2	YA4-1	YA4-2	M2	M3	
左、右铣削头快进			+	+			+		+	+	SB6
铣削工作台快进	+		+						+	+	SQ5、SQ7
铣削工作台工进	+								+	+	SQ2
左、右铣削头快退						+	+		+	+	SQ3
铣削工作台快退			+								SQ4、SQ6
停止											SQ1
备注	铣削工作台		左机滑台		右机滑台		道具电动机				

注:"＋"表示带电,空白表示不带电。

2.电动机驱动分析

双面粗铣组合机床有三台驱动电动机。其中 M1 为液压泵电动机,要求首先直接启动,当系统正常供油后,其他控制电路才能通电工作;M2、M3 分别为左机和右机的刀具电动机,刀具电动机在滑台进给循环开始时启动,滑台退回原位时停机。

三、电气控制系统分析

　　根据双面粗铣组合机床自动循环过程的要求,得出该机床的控制流程,并由此可得双面粗铣组合机床的电气控制电路图如图 3-5、图 3-6 所示,电路图中所用电气元件及功能说明如表 3-4 所示。

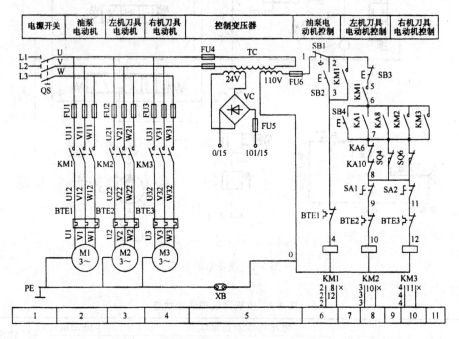

图 3-5　双面粗铣组合机床的电气控制电路

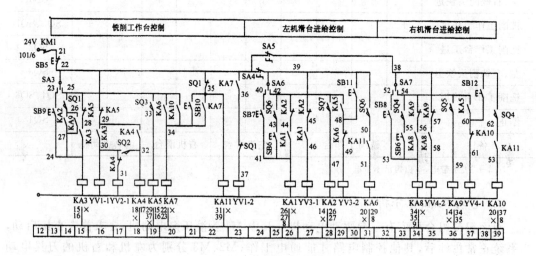

图 3-6　直流控制局部电路

表 3-4 电气元件符号及功能说明

符号	名称及用途	符号	名称及用途
M1	油泵电动机	SA6	左机滑台工作方式选择开关
M2	左机刀具电动机	SA7	右机滑台工作方式选择开关
M3	右机刀具电动机	QS	电源隔离开关
KM1	油泵电动机启动接触器	SB1	总停按钮
KM2	左机刀具电动机启动接触器	SB2	油泵电动机启动按钮
KM3	右机刀具电动机启动接触器	SB3、SB4	刀具电动机启、停按钮
KA1～KA11	中间继电器	SB5、SB6	液压系统循环工作启停按钮
SQ1、SQ2、SQ3	铣削工作台行程开关	SB7、SB11	左机滑台点动向前和复位按钮
SQ4、SQ5	右机滑台行程开关	SB8、SB12	右机滑台点动向前和复位按钮
SQ6、SQ7	左机滑台行程开关	SB9、SB10	铣削工作台点动向前和复位按钮
SA1～SA2	电动机摘除开关	BTE1～BTE3	电动机热继电器
SA3	铣削工作台工作方式选择开关	FU1～FU6	熔断器
SA4	左机滑台摘除开关	TC	控制变压器
SA5	右机滑台摘除开关	VC	整流器

图 3-5 所示主电路中 M1、M2、M3 三台电动机均为直接启动、单向旋转,分别由交流接触器 KM1、KM2、KM3 的主触点控制它们定子绕组的通电与断电。BTE1～BTE3 分别对三台电动机进行过载保护,FU1～FU3 分别对三台电动机进行短路保护。

控制电路所需交、直流电源分别由控制变压器 TC 二次绕组提供,短路保护分别由 FU5、FU6 来实现。控制电路包含交流电路部分和直流电路部分,交流电路部分用于对三台电动机进行控制,直流电路部分用于对液压系统进行控制。

1. 交流控制电路

交流控制局部电路如图 3-5 所示,其中 SB1 为总停按钮,SB2 为油泵电动机启动按钮。当按下 SB2 时,油泵电动机的控制接触器 KM1 得电,其主触点闭合,M1 启动;辅助动合触点闭合,接通刀具电动机和液压系统的控制电路,满足机床进入加工工作循环的条件。左机刀具电动机 M2 和右机刀具电动机 M3 在加工自动循环过程中,由中间继电器及行程开关控制启停;在调整时,由按钮 SB3、SB4 手动控制启停;选择开关 SA1、SA2 可将刀具电动机 M2、M3 从工作循环中摘除,这样便于运动部件分别调整。

2. 直流控制电路

直流控制局部电路如图 3-6 所示,主要用于控制液压系统,实现运动的自动循环。包括铣削工作台控制、左机滑台控制及右机滑台控制三部分,可实现整机自动循环、单机半自动循环和点动调整与复位控制。

由图 3-5 与图 3-6 所示双面粗铣组合机床控制流程可知,开始全自动工作循环时,要求接触器 KM1 的辅助动合触点闭合;左、右机滑台在原位并压下行程开关 SQ6、SQ4;铣削工作台在原位并压下行程开关 SQ1。当以上条件满足时，按下启动循环的按钮 SB6，即可开始自动加工工作循环过程，按下按钮 SB5 可终止循环。

选择开关 SA4 与 SA5 可以将左机滑台或右机滑台从整机循环中摘除，从而实现单机半自动循环。当 SA4 触点闭合、SA5 触点断开时，右机滑台从整机循环中摘除。此时按下启动循环按钮 SB6，左机滑台单独循环工作；当 SA5 触点闭合、SA4 触点断开时，左机滑台从整机循环中摘除。此时按下启动循环按钮 SB6，右机滑台单独循环工作。

选择开关 SA3、SA6 与 SA7 分别用来选择铣削工作台、左机与右机滑台的工作方式，扳到手动位置时，可通过点动按钮 SB9、SB7、SB8 分别控制铣削工作台、左机与右机滑台向前点动；扳到自动位置时，可通过复位按钮 SB10、SB11、SB12 分别使它们快速退回原位。

第六节　数控机床控制系统简析

采用数控技术的机床称为数控机床。数控机床是一种装了程序控制系统的机床。此处的程序控制系统即数控系统（Numerical Control System，NCS），现代数控系统主要为计算机数控（Computer Numerical Control，CNC）系统。

自 1952 年美国麻省理工学院为解决飞机制造商帕森斯公司加工直升机螺旋桨叶片轮廓样板曲线的难题，成功研制第一台具有信息存储和处理功能的立式数控三坐标铣床以来，数控机床在品种、数量、质量和性能方面均得到迅速发展。数控技术不仅应用于车、铣、镗、磨、线切割、电火花、锻压和激光等数控机床，而且应用于配备自动换刀的加工中心，带有自动检测、工况自动线及自动交换工件的柔性制造单元已用于生产。高速化、高精度化、高可靠性、高柔性化、高一体化、网络化和智能化是现代数控机床的发展趋势。

一、计算机数控（CNC）系统

CNC 系统是数控机床的核心部分，其主要任务是控制机床运动，完成各种零件的自动加工。在进行零件加工时，CNC 装置首先接收数字化的零件图样和工艺要求等信息，再进行译码和预处理，然后按照一定的数学模型进行插补运算，用运算结果实时地对机床的各运动坐标进行速度和位置控制。

CNC 系统由硬件和软件组成，是一种采用存储程序的专用计算机。计算机通过运行存储器内的程序，使数控机床按照操作者的要求，有条不紊地进行加工，实现对机床的数字控制功能。

1. CNC 装置的硬件结构

CNC 装置不仅具有一般微型计算机的基本硬件结构，如微处理器（CPU）、总线、存储器和 I/O 接口等，而且还具有完成数控机床特有功能所需的功能模块和接口单元，如手动数据输入（MDI）接口、PLC 接口和纸带阅读机接口等。

2. CNC 装置的软件

CNC 装置在上述硬件的基础上，还必须配合相应的系统软件来指挥和协调硬件的工作,两者缺一不可。CNC 装置的软件是实现部分或全部数控功能的专用系统软件,由管理软件和控制软件两部分组成。其中管理软件主要为某个系统建立一个软件环境,协调各软件模块之间的关系,并处理一些实时性不太强的软件功能,如数控加工程序的输入/输出及其管理、人机对话显示及诊断等;控制软件的作用是根据用户编制的加工程序,控制机床运行,主要完成系统中一些实时性要求较高的关键控制功能,如译码、刀具补偿、插补运算和位置控制等。

3. CNC 装置的工作过程

CNC 装置的工作过程是在硬件环境的支持下执行软件控制功能的全过程,对于一个通用数控系统来讲,一般要完成以下工作。

(1)零件程序的输入:数控机床自动加工零件时,首先将反映零件加工轨迹、尺寸、工艺参数及辅助功能等各种信息的零件程序、控制参数和补偿量等指令和数据输入数控系统。通常 CNC 装置的输入方式有键盘输入、阅读机输入、磁盘输入、通信接口输入以及连接上一级计算机的分布式数字控制(DNC)接口输入等。然后 CNC 装置将输入的全部信息都存储在 CNC 装置的内部存储器中,以便加工时将程序调出运行。在输入过程中,CNC 装置还需完成代码校检、代码转换和无效码删除等工作。

(2)译码处理:输入到 CNC 装置内部的信息接下来由译码程序进行译码处理。它是将零件程序以一个程序段为单位进行处理,把其中的零件轮廓信息(如起点、终点、直线、圆弧等)、加工速度信息(F 代码)以及辅助功能信息(M、S、T 代码等),按照一定的语法规则翻译成计算机能够识别的数据,存放在指定的内存专用区间。CNC 装置在译码过程中,还要对程序段的语法进行检查,若发现语法错误,立即报警。

(3)数据处理:数据处理即进行预计算,就是将经过译码处理后存放在指定存储空间的数据进行处理。主要包括刀具补偿(刀具长度补偿、刀具半径补偿)、进给速度处理、反向间隙补偿、丝杠螺距补偿和机床辅助功能处理等。

(4)插补运算:插补是数控系统中最重要的计算工作之一,是在已知起点、终点、曲线类型和走向的运动轨迹上实现"数据点密化",即计算出运动轨迹所要经过的中间点坐标。插补计算结果传送到伺服驱动系统,以控制机床坐标轴做相应的移动,使刀具按指定的路线加工出所需要的零件。

(5)位置控制:位置控制的主要作用是在每个采样周期内,将插补计算的指令位置与实际反馈位置相比较,用其差值去控制伺服电动机,进而控制机床工作台或刀具的位移。在位置控制中,通常还应完成位置回路的增益调整、各坐标方向的螺距误差补偿和反向间隙补偿,以提高数控机床的定位精度。

(6)I/O 处理:主要是对 CNC 装置与机床之间来往信息进行输入、输出和控制的处理。它可实现辅助功能控制信号的传递与转换,如实现主轴变速、换刀、冷却液的开停等强电控制,也可接受机床上的行程开关、按钮等各种输入信号,经接口电路变换电平后送到 CPU处理。

(7)显示:CNC 装置的显示主要是为操作者了解机床的状态提供方便,通常有零件加工程序显示、各种参数显示、刀具位置显示、动态加工轨迹显示、机床状态显示和报警显示等。

(8)诊断:CNC 装置利用内部自诊断程序对机床各部件的运行状态进行故障诊断,并对故障加以提示。诊断不仅可防止故障的发生或扩大,一旦出现故障,又可帮用户迅速查明故障的类型与部位,减少故障停机时间。

二、伺服控制系统

数控机床伺服控制系统是以机床移动部件的位置和速度为被控制量的自动控制系统,它包括进给伺服系统和主轴伺服系统。其中进给伺服系统控制机床坐标轴的切削进给运动,以直线运动为主;主轴伺服系统控制主轴的切削运动,以旋转运动为主。如果说 CNC 装置是数控机床发布命令的"大脑",伺服驱动系统则为数控机床的"四肢",因此是执行机构。作为数控机床重要的组成部分,伺服系统的动态和静态性能是影响数控机床加工精度、表面质量、可靠性和生产效率等的重要因素。在数控机床上,进给伺服驱动系统接收来自 CNC 装置经插补运算后生成的进给脉冲指令,经过一定的信号变换及电压、功率放大,驱动各加工坐标轴运动。这些轴有的带动工作台,有的带动刀架,几个坐标轴综合联动,便可使刀具相对于工件产生各种复杂的机械运动,直至加工出所要求的零件。当要求数控机床有螺纹加工、准停控制和恒线速加工等功能时,就对主轴提出了相应的位置控制要求,此时主轴驱动控制系统可称为主轴伺服系统。通常数控机床伺服系统是指进给伺服系统,它是连接 CNC 装置和机床机械传动部件的环节,包含机械传动、电气驱动、检测、自动控制等方面的内容。

1. 伺服系统的组成

数控机床伺服系统一般包含驱动电路、执行元件、传动机构、检测元件及反馈电路等部分。

(1)驱动电路:驱动电路的主要功能是控制信号类型的转变和进行功率放大。当它接收到 CNC 装置发出的指令(数字信号)后,将指令信号转换成电压信号(模拟信号),经过功率放大后,驱动电动机旋转。电动机转速的大小由指令控制,若要实现恒速控制,驱动电路需接收速度反馈信号,将该反馈信号与计算机的输入信号进行比较,用其差值作为控制信号,使电动机保持恒速运转。

(2)执行元件:执行元件的功能是接受驱动电路的控制信号进行转动,以带动数控机床的工作台按一定的轨迹移动,完成工件的加工。常用的有步进电动机、直流电动机及交流电动机。采用步进电动机时通常是开环控制。

(3)传动机构:传动机构的功能是把执行元件的运动传递给机床工作台。在传递运动的同时也对运动速度进行变换,从而实现速度和转矩的改变。常用的传动机构有减速箱和滚珠丝杠等,若采用直线电动机作为执行元件,则传动机构与执行元件为一体。

(4)检测元件及反馈电路:在伺服系统中一般包括位置反馈和速度反馈。实际加工时,由于各种干扰的影响,工作台并不一定能准确地定位到 CNC 指令所规定的目标位置。为了克服这种误差,需要检测元件检测出工作台的实际位置,并由反馈电路传给 CNC 装置,然后 CNC 装置发送指令进行校正。常用的检测元件有光栅、光电编码器、直线感应同步器和旋转变压器等。用于速度反馈的检测元件一般安装在电动机上;用于位置反馈的检测元件则根据闭环方式的不同或安装在电动机上或安装在机床上。在半闭环控制时,速度反馈和位置反馈的检测元件可共用电动机上的光电编码器,对于全闭环控制则分别采用各自独立的检测元件。

2. 数控机床对伺服系统的要求

数控机床的效率、精度在很大程度上取决于伺服系统的性能。因此,数控机床对伺服系统提出了一些基本要求。虽然各种数控机床完成的加工任务不同,对伺服系统的要求也不尽相同,但一般都包括以下几个方面。

(1)可逆运行:加工过程中,根据加工轨迹的要求,机床工作台应随时都可以实现正向或反向运动,并且在方向变化时,不应有反向间隙和运动的损失。

(2)精度高:伺服系统的精度是指输出量能复现输入量的精确程度。数控加工中,对定位精度和轮廓加工精度要求都较高。数控机床伺服系统的定位精度一般要求达到 $1\mu m$ 甚至 $0.1\mu m$,与此相对应,伺服系统的分辨力也应达到相应的要求。分辨力(或称脉冲当量)是指当伺服系统接受 CNC 装置送来的一个脉冲时,工作台相应移动的单位距离。伺服系统的分辨力由系统的稳定工作性能和所采用的位置检测元件决定。目前,闭环伺服系统都能达到 $1\mu m$ 的分辨力(脉冲当量),而高精度的数控机床可达到 $0.1\mu m$ 的分辨力,甚至更小。轮廓加工精度则与速度控制、联动坐标的协调一致控制有关。在速度控制中,要求伺服系统有较高的调速精度,具有较强的抗负载扰动能力。

(3)调速范围宽:调速范围是指数控机床要求电动机所能提供的最高转速与最低转速之比。为适应不同的加工条件,数控机床要求伺服系统有足够宽的调速范围和优异的调速特性。对一般数控机床而言,只要进给速度在 $0\sim24m/min$ 范围时,都可满足加工要求。

(4)稳定性好:稳定性是指系统在给定的外界干扰作用下,经过短暂的调节过程后,达到新的平衡状态或恢复到原来平衡状态的能力。当伺服系统的负载情况或切削条件发生变化时,进给速度应保持恒定,这要求伺服系统有较强的抗干扰能力。稳定性是保证数控机床正常工作的条件,直接影响数控加工的精度和表面粗糙度。

(5)快速响应:响应速度是伺服系统动态品质的重要指标,它反映了系统的跟随精度。数控加工过程中,为保证轮廓切削形状精度和加工表面粗糙度,位置伺服系统除了要求有较高的定位精度外,还要求跟踪指令信号的响应要快,即有良好的快速响应特性。

(6)低速大转矩:一般机床的切削加工是在低速时进行重切削,所以要求伺服系统在低速进给时驱动要有大的转矩输出,以保证低速切削的正常进行。

3. 伺服系统的分类

(1)按执行机构的控制方式分,有开环伺服系统和闭环伺服系统。

开环伺服系统采用步进电动机为驱动元件,只有指令信号的前向控制通道,无位置反馈和速度反馈。运动和定位是靠驱动电路和步进电动机来实现的,步进电动机的工作是实现数字脉冲到角位移的转换,它的旋转速度由进给脉冲的频率决定,转角的大小正比于指令脉冲的个数,转向取决于电动机绕组通电顺序。开环伺服系统结构简单,易于控制,但精度较低,低速时不稳定,高速时转矩小,一般用于中、低档数控机床或普通机床的数控改造上。

闭环伺服系统是在机床工作台(或刀架)上安装一个位置检测装置,该装置可检测出机床工作台(或刀架)实际位移量或者实际所处位置,并将测量值反馈给 CNC 装置,与 CNC 装置发出的指令位移信号进行比较,求得偏差。伺服放大器将差值放大后用来控制伺服电动机,使系统向着减小偏差的方向运行,直到偏差为零,系统停止工作。因此,闭环伺服系统是一个误差控制随动系统。由于闭环伺服系统的反馈信号取自机床工作台(或刀架)的实际位置,所以系统传动链的误差、环内各元件的误差以及运动中造成的误差都可以得到补偿,使得跟随精度和定位精度大大提高。从理论上讲,闭环伺服系统的精度可以达到很高,它的精度只取决于测量装置的制造精度和安装精度。但由于受机械变形、温度变化、振动等因素的影响,系统的稳定性难以调整,且机床运行一段时间后,在机械传动部件的磨损、变形等因素的影响下,系统的稳定性易改变,使精度发生变化。因此,只有在那些传动部件精密度高、性能稳定、使用过程温差变化不大的大型、精密数控机床上才使用闭环伺服系统。

此外,半闭环伺服系统也是一种闭环伺服系统,只是它的位置检测元件没有直接安装在进给坐标的最终运动部件上,而是在传动链的旋转部位(电动机轴端或丝杠轴端)安装转角检测装置,检测出与工作实际位移最相应的转角,以此作为反馈信号与 CNC 装置发出的指令信号进行比较,求得偏差。半闭环和闭环系统的控制结构是一致的,不同点在于闭环系统环内包括较多的机械传动部件,传动误差均可被补偿,理论上精度可以达到很高,而半闭环伺服系统由于坐标运动的传动链有一部分在位置闭环以外,因此环外的传动误差得不到系统的补偿,这种伺服系统的精度低于闭环系统。但半闭环系统比闭环系统结构简单,造价低,且安装、调试方便,故这种系统被广泛应用于中小型数控机床上。

(2)按使用的伺服电动机类型分,有直流伺服系统和交流伺服系统。

自 20 世纪 70 年代至 80 年代中期,直流伺服系统在数控机床上占主导地位。在进给运动系统中常用的伺服电动机有小惯量直流伺服电动机和永磁直流伺服电动机(也称大惯量宽调速直流伺服电动机);在主运动系统中常用他励直流伺服电动机。小惯量伺服电动机最大限度地减少了电枢的转动惯量,因此有较好的快速性。因其具有高的额定转速、低的转动惯量,所以实际应用时要经过中间机械传动减速才能与丝杠连接。永磁直流伺服电动机具有良好的调速性能,输出转矩大,能在较大的过载转矩下长时间工作;并且电动机转子惯量较大,因此能直接与丝杠相连而不需要中间传动装置。

直流伺服系统的缺点是电动机有电刷,限制了转速的提高,一般额定转速为 $1000 \sim 1500 \mathrm{r/min}$,而且结构复杂,价格较高。

交流伺服系统使用交流异步伺服电动机(用于主轴伺服系统)和永磁同步伺服电动机(用于进给伺服系统)。由于直流伺服电动机使用机械换向存在一些固有的缺点,因此使其应用环境受到限制;而交流伺服电动机不存在机械换向的问题,且转子惯量较直流电动机小,使得其动态响应好。另外,在同样体积下,交流电动机的输出功率比直流电动机的高,其容量也可以比直流电动机大,这样可达到更高的电压和转速。因此,从 20 世纪 80 年代后期开始,就大量使用交流伺服系统,目前,其已基本取代了直流伺服系统。

第四章

电气控制系统应用过程中涉及的技术与装置

现场总线与工业以太网技术是一种集计算机、数据通信、控制、集成电路及智能传感等技术于一身的新兴控制网络技术。

现场总线是一种应用于生产现场,在现场设备之间、现场设备与控制装置之间实行双向、串行、多节点数字通信的技术。现场总线作为工业数据通信网络的基础,沟通了生产过程现场级控制设备之间及其与更高控制管理层之间的联系,但它不仅仅是一个基层网络,而且还是一种开放式、新型全分布式的控制系统。目前流行的现场总线已达 40 多种,在不同的领域发挥着重要作用。以太网技术也正在从传统的办公自动化逐渐发展到工业自动化领域,形成的工业以太网技术正在飞速发展。总之,现场总线与工业以太网技术已成为自动化技术发展的热点之一,并引起自动化系统结构及设备的深刻变革,基于现场总线与工业以太网技术的控制系统必将逐步取代传统的独立控制系统、集中采集控制系统等,成为 21 世纪自动控制系统的主流。

第一节 工业控制网络

随着计算机、通信、网络等信息技术的飞速发展,人们需要建立包含从工业现场设备层到控制层和管理层等各个层次的综合自动化网络平台,即建立以工业控制网络技术为基础的企业综合信息化系统。

一、工业控制网络的特点

工业控制网络作为一种特殊的网络,直接面向生产过程的测量和控制,肩负着工业生产运行一线测量与控制信息传输的特殊任务,因而具有一些特殊的要求,如较强的实时性、高可靠性、安全性、工业生产现场恶劣环境的适应性、总线供电与本质安全等。另外,开放性、分散化和低成本也是工业控制网络应具备的重要特征。相比一般的电信、计算机信息网络,工业控制网络具有以下特点：

（1）控制网络中数据传输的及时性和系统响应的实时性是控制系统最基本的要求；而在信息网络的大部分工作中，实时性是可以忽略的。

（2）控制网络应具有在高温、潮湿、震动、腐蚀、电磁干扰等恶劣的工业环境中长时间、连续、可靠、完整地传送数据的能力，在可燃和易爆场合，还应具有本质安全性能。

（3）工业控制网络的通信方式多使用广播或组播方式；而信息网络多采用点对点的通信方式。

（4）工业控制网络传输的信息多为短帧信息，长度较小且信息交换频繁，在正常工作状态下周期性信息（如过程测量与控制信息、监控信息等）较多，非周期性信息（如突发事件报警）较少；而信息网络恰恰与此相反。

（5）工业控制网络的信息流具有明确的方向性，如测量信息由变送器到控制器，控制信息由控制器到执行器，过程监控与突发信息由现场仪表传向操作站等；而信息网络的信息流向不具有明显的方向性。

（6）工业控制网络必须解决多家公司产品和系统在同一网络中相互兼容，即互操作性的问题。

二、工业控制网络对控制系统体系结构的影响

工业控制网络的出现使控制系统的体系结构发生了根本性变化。把基本控制功能下放到现场具有智能的芯片或功能块中，不同现场设备中的功能块可以构成完整的控制回路，使控制功能彻底分散，直接面向对象，把具有控制、测量与通信功能的功能块与功能块应用进程作为网络节点，采用开放的控制网络协议进行互联，形成底层控制网络。整个自动化系统形成了在功能上管理集中、控制分散，在结构上横向分散、纵向分级的体系结构。控制系统体系结构大致经历了以下几个发展阶段。

1. 模拟仪表控制系统

模拟仪表控制系统于 20 世纪六七十年代占主导地位。其显著缺点是：模拟信号精度低，易受干扰。

2. 集中式数字控制系统

集中式数字控制系统于 20 世纪七八十年代占主导地位。采用单片机、PLC 或微机作为控制器，控制器内部传输的是数字信号，因此克服了模拟仪表控制系统中模拟信号精度低的缺陷，提高了系统的抗干扰能力。集中式数字控制系统的优点是易于根据全局情况进行控制计算和判断，在控制方式、控制时机的选择上可以统一调度和安排；不足是，对控制器本身要求很高，必须具有足够的处理能力和极高的可靠性，当系统任务增加时，控制器的效率和可靠性将急剧下降。

3. 集散控制系统

集散控制系统（Distributed Control System，DCS）于 20 世纪八九十年代占主导地位，其核心思想是集中管理、分散控制，即管理与控制相分离，上位机用于集中监视管理功能，若干台下位机分散到现场实现分布式控制，各上、下位机之间用控制网络互联，以实现相互之

间的信息传递。因此,这种分布式的控制系统的体系结构有力地克服了集中式数字控制系统中对控制器处理能力和可靠性要求高的缺陷。在集散控制系统中,分布式控制思想的实现正是得益于网络技术的发展和应用。遗憾的是,不同的 DCS 厂家为达到垄断经营的目的而对其控制通信网络采用各自专用的封闭形式。不同厂家的 DCS 系统之间以及 DCS 与上层 Intranet、Internet 信息网络之间难以实现网络互联和信息共享,因此集散控制系统从该角度而言实质是一种封闭专用的、不具可互操作性的分布式控制系统。在这种情况下,用户对网络控制系统提出了开放化和降低成本的迫切要求。

4. 现场总线控制系统

现场总线控制系统(Field bus Control System,FCS)正是顺应以上潮流而诞生的,它用"现场总线"这一开放的、具有可互操作性的网络将现场各控制器及仪表设备互联,构成现场总线控制系统,同时控制功能彻底下放到现场,降低了安装成本和维护费用。FCS 实质是一种开放的、具可互操作性的、彻底分散的分布式控制系统。在现场总线技术快速发展的过程中,以太网技术也从办公自动化向工业自动化领域拓展,形成的工业以太网技术在迅速发展。

纵观控制系统体系结构的发展,不难发现,每一代新的控制系统的推出都是针对老一代控制系统存在的缺陷而给出的解决方案,最终在用户需求和市场竞争两大外因的推动下占领市场的主导地位。以现场总线和工业以太网技术为代表的工业控制网络技术的不断发展彻底改变了工业控制系统体系结构,必将成为 21 世纪控制系统的主流产品。

三、工业控制网络技术基础

1. 通信系统的构成

什么是通信? 简单地说,不同的系统经由线路相互交换数据,就是通信。通信的主要目的是将数据从一端传送到另一端,达到数据交换的目的。例如,从人与人之间的对话、计算机与设备之间的数据交换到计算机与计算机间的数据传送,乃至广播或卫星都是通信的一种。一个完整的通信系统一般包括信息源、信息接收者、发送设备、接收设备和传输介质几部分。单向数字通信系统的结构可用图 4-1 表示。

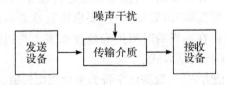

图 4-1　单向数字通信系统的结构

信息源和信息接收者是信息的产生者和使用者。信息源输出分为模拟信号和数字信号两种,在数字通信系统中传输的是数字化后的信息,这些信息可能是原始数据,也可能是计算机处理后的数据,甚至是某些指令等。发送设备的基本功能是将信息源和传输介质匹配起来,即将信息源产生的信号通过编码变换成易于传送的信号形式,送往传输介质。有时为了达到某些特殊要求而进行各种处理,如保密处理、纠错编码处理等。传输介质是指发送设备到接收设备之间信号传递所经的媒介,包括有线的和无线的。有线传输介质有同轴电缆、双绞线和光缆等;无线传输介质有电磁波、红外线等。信号在介质中传输时必然会引入某些干扰,如热噪声、脉冲干扰、衰减等。接收设备的基本功能是完成发送设备的反变换,即进行解调、译码、解密等,其任务的关键是从带有干扰的信号中正确恢复出原始信息。

2. 数据的通信方式

根据通信的不同特点,数据通信方式的分类有多种,如并行通信和串行通信。串行通信的分类也有多种,如同步通信和异步通信,单工、半双工和全双工通信。

(1)并行通信和串行通信。

①并行通信:是指一条信息的各位数据被同时传送的通信方式。以字节、字或双字为单位并行传输,每一个数据位都要单独占用一根数据线。并行通信的速度快,适用于近距离的数据通信。例如:计算机或 PLC 各种内部总线就是以并行方式传送数据的;另外,在 PLC 底板上,各种模块之间通过底板总线交换数据也以并行方式进行。但在长距离的数据通信中,并行传输所需要的通信电缆费用将大大增加,成本很高,此时一般采用串行通信。

②串行通信:是指组成一条信息的各位数据被逐位按顺序传送的通信方式。串行通信时数据是一位一位地顺序传送,只用很少几根通信线,比较便宜,成本低,传送的距离可以很长,但串行传送的速度要慢一些,并且要注意传输中的同步问题,使得收、发双方要在时间基准上保持一致。

在工业生产中,串行通信因其成本低、传输距离远而得到广泛的应用。常用的通用串行通信接口有 RS-232、RS-485 等。RS-232、RS-485 等是由美国电子工业协会(Electronic Industry Association,EIA)正式公布的,是异步串行通信中应用最广泛的标准总线,它规定连接电缆和机械、电气特性、信号功能及传送过程。计算机上一般都有 1~2 个标准 RS-232 串口,即通道 COM1 和 COM2。近距离的传输可以采用 RS-232 接口;当需要几百米,甚至上千米的远距离传输时则采用 RS-485 接口(两线差分平衡传输);如果要求通信双方均可主动发送数据,必须采用 RS-422(四线差分平衡传输)。RS-232 通过转换器可以变成 RS-485,当需要多个 RS-485 接口时,可以在 PC 上插入基于 PCI 总线的专用板卡(如 PCI1612 板卡)。

(2)异步通信和同步通信。

在串行通信中,同步是十分重要的,当发送器通过传输介质向接收器传输数据信息时,每次发出一个字符(或一个数据帧)的数据信号,要求接收器必须能识别出该字符(或该帧)数据信号的开始和结束,以便在适当的时刻正确地读取该字符(或该帧)数据信号的每一位信息。下面介绍两种基本串行通信方式。

①异步通信:在异步通信方式中,数据以字符为单位依次传输,两个字符之间可以有间隔,间隔时间是任意的。发送方发送一个字符数据时,先发送一个起始位(逻辑 0,低电平),之后以相同的速率发送字符的各个位及奇偶校验位,接收方以同样的速率接收,最后用一个停止位(逻辑 1,高电平)作为一个字符传送结束的标志。一般而言,数据位有 5、6、7 或 8 位,停止位有 1、1.5 或 2 位,是否有奇偶校验位可根据实际需要而定。前后两个字符的间隔时间是任意的,此时处于空闲状态,线上的状态是高电平,可以理解成停止位的延续。之后,接收方收到一个低电平信号表示一个新的字符传送过程的开始。可见,在一个字符的传送过程中,收、发双方基本保持同步,所谓异步只是指两个字符之间的间隔的不确定性。在异步通信中,双方的同步

并不是基于同一个时钟，会有一定的差异，位数越多，差异越明显。但是，每次只传送一个字符，接收方每次都利用起始位进行同步关系的校正，也就是说收、发双方在每一个字符上都是同步的，不会造成误差的积累。异步通信对时钟的要求不高，设备简单，容易实现。

②同步通信：同步通信把许多字符组成一个信息组，或称为信息帧，其传输单位是帧，每帧含有多个字符，字符之间没有间隙，字符前后也没有起始位和停止位。同步通信中的同步包括位同步和帧同步两个层次。位同步是指在传送数据流的过程中，收、发双方对每一个数据位都要准确地保持同步，可以在发送端与接收端之间设置专门的时钟线，这叫外同步，比如 I^2C 总线采用的就是外同步；还可以在数据传输中嵌入同步时钟，如曼彻斯特编码，这叫内同步。帧同步是在每个帧的开始和结束都附加标志序列，接收端通过检查这些标志实现与发送端帧级别上的同步。在数据传输量较大时，同步通信的效率高于异步通信。

串行通信的速度一般用波特率来表示，波特率是指串行通信时每秒传输数据的位数，其单位为波特（Baud）。注意：串行通信双方的波特率、数据传输格式必须事先约定一致。

（3）单工、半双工及全双工通信。

根据通信双方的分工和信号传输方向，串行通信有单工、半双工及全双工三种方式。

①单工方式：参与通信的双方分工明确，在任意时刻，只能由发送器向接收器的单一固定方向上传送数据。例如，收音机作为接收器只能收听由电台发送的信息。

②半双工方式：通信双方设备既是发送器，也是接收器，两台设备可以相互传送数据，但某一时刻则只能向一个方向传送数据。例如，步话机是半双工设备，因为在一个时刻只能有一方说话。

③全双工方式：通信双方设备既是发送器，也是接收器，两台设备可以同时在两个方向上传送数据。例如，电话是全双工设备，因为双方可同时说话。

3. 网络拓扑结构

所谓拓扑，是一种研究与大小、形状无关的线和面特性的方法，由数学上图论演变而来。在网络中，把计算机等网络单元抽象为点，把网络中的通信媒体（如电缆）抽象为线，从而抽象出网络的拓扑结构，即用网络拓扑结构来描述组成计算机网络的各个节点所构成的物理布局。常见的网络拓扑结构有星形、树形、环形、总线型等。

（1）星形结构：星形结构中，每个节点均以一条单独信道与中心节点相连。任何两个节点间要通信必须通过中心节点转接，中心节点是控制中心。星形结构的优点是建网容易、控制简单。它的缺点是网络共享能力差，网络可靠性低，一旦中心节点出现故障，则全网瘫痪。

（2）树形结构：树形结构是天然的分级结构。其特点是网络成本低，结构比较简单。在树形结构网络中，任意两个节点之间不产生回路，每个链路都支持双向传输，并且，网络中节点扩充方便、灵活，寻查链路路径比较简单。它非常适合于分主次、分等级的层次型管理系统。

（3）环形结构：网络中各节点通过一条首尾相连的通信链路连接起来的一个闭合环形结构网，数据在环上单向流动。由于各节点共享环路，因此需要采取措施（如令牌控制）来协调控制各节点的发送。环形结构的优点是无信道选择问题，缺点是不便于扩充，系统响应延时大。

（4）总线型结构：是最普遍使用的一种网络拓扑结构，它是将各个节点和一根总线相连。总线型结构的优点是结构简单、灵活、可扩充性好、可靠性高、资源共享能力强。但由于同环形结构一样采用共享通道，因此需处理多站争用总线的问题。以太网就是采用这种网络拓扑结构。

4. 差错控制技术

信号在传输过程中,会因为各种干扰造成信号的失真,造成通信的接收端所收二进制数和发送端实际发送的不一致,由"1"变为"0",或由"0"变为"1",这就是差错。差错控制是指在数据通信过程中,发现差错并对差错进行纠正,从而把差错限制在数据传输所允许的尽可能小的范围内。

最常用的差错控制方法是差错控制编码。数据信息位在向信道发送之前,先按照某种关系附加上一定的冗余位,构成一个码字后再发送,这个过程称为差错控制编码过程。接收端收到该码字后,检查信息位和附加的冗余位之间的关系,以检查传输过程中是否有差错发生,这个过程称为检验过程。差错控制编码可分为检错码和纠错码。

(1)检错码:是指能自动发现差错的编码。

(2)纠错码:是指不仅能发现差错而且能自动纠正差错的编码。

奇偶校验码是通过增加冗余位来使得码字中"1"的个数保持奇数或偶数的编码方法,是一种检错码。海明码是一种可以纠正一位差错的编码,而且编码效率要比正反码高。一般说来,纠错码的编码效率比检错码的编码效率低,因而在通信网络中用得更多的还是检错码。奇偶校验码作为一种检错码虽然简单,但是漏检率较高,在计算机网络和数据通信中用得最广泛的检错码是一种漏检率低得多也便于实现的循环冗余码。

5. ISO/OSI 参考模型

为了促进计算机网络的发展,实现计算机网络构件(包括硬件和软件)的标准化和网络的互联互通,国际标准化组织(International Organization for Standardization,ISO)在 1984 年正式公布了开放系统互连(Open System Interconnection,OSI)基本参考模型,即 ISO/OSI 基本参考模型,"开放"这个词表示能使任何两个遵守参考模型和有关标准的系统进行互连。OSI 模型将计算机网络划分为 7 个层次,每层完成一个明确定义的功能集合,并按协议相互通信。每层向上层提供所需要的服务,同时为了完成本层协议也要使用下层提供的服务。

如图 4-2 所示,7 个层次由下向上依次是:物理层、链路层、网络层、传输层、会话层、表示层与应用层。

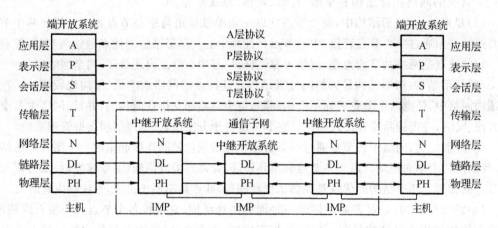

图 4-2　OSI 参考模型

（1）物理层：定义了为建立、维护和拆除物理链路所需的机械的、电气的、功能的和规程的特性，其作用是使原始的数据比特流能在物理媒体上传输。具体涉及接插件的规格，"0" "1"信号的电平表示，收、发双方的协调等内容。

（2）数据链路层：比特流被组织成数据链路协议数据单元（通常称为帧），并以其为单位进行传输，帧中包含地址、控制、数据及校验码等信息。数据链路层的主要作用是通过校验、确认和反馈重发等手段，将不可靠的物理链路改造成对网络层来说无差错的数据链路。数据链路层还要协调收、发双方的数据传输速率，即进行流量控制，以防止接收方因来不及处理发送方发来的高速数据而导致缓冲器溢出及线路阻塞。

（3）网络层：数据以网络协议数据单元（分组）为单位进行传输。网络层关心的是通信子网的运行控制，主要解决如何使数据分组跨越通信子网从源传送到目的地的问题，这就要在通信子网中进行路由选择。另外，为避免通信子网中出现过多的分组而造成网络阻塞，需要对流入的分组数量进行控制。当分组要跨越多个通信子网才能到达目的地时，还要解决网际互联的问题。

（4）传输层：是第一个端到端，也即主机到主机的层次。传输层提供的端到端的透明数据传输服务，使高层用户不必关心通信子网的存在，由此用统一的传输原语书写的高层软件便可运行于任何通信子网上。传输层还要处理端到端的差错控制和流量控制问题。

（5）会话层：是进程到进程的层次。其主要功能是组织和同步不同的主机上各种进程间的通信（也称为对话）。会话层负责在两个会话层实体之间进行对话连接的建立和拆除。在半双工情况下，会话层提供一种数据权标来控制某一方何时有权发送数据。会话层还提供在数据流中插入同步点的机制，使得数据传输因网络故障而中断后，可以不必从头开始，而仅重传最近一个同步点以后的数据。

（6）表示层：为上层用户提供共同的数据或信息的语法表示变换。为了让采用不同编码方法的计算机在通信中能相互理解数据的内容，可以采用抽象的标准方法来定义数据结构，并采用标准的编码表示形式。表示层管理这些抽象的数据结构，并将计算机内部的表示形式转换成网络通信中采用的标准表示形式。数据压缩和加密也是表示层可提供的表示变换功能。

（7）应用层：是开放系统互连环境的最高层。不同的应用层为特定类型的网络应用提供访问 OSI 环境的手段。网络环境下不同主机间的文件传输访问和管理（File Transfer Access and Managment）、传送标准电子邮件的文电处理系统（Message Handing System）、使不同类型的终端和主机通过网络交互访问的虚拟终端（Virtual Terminal）协议等都属于应用层的范畴。

第二节 现场总线技术

自 20 世纪 50 年代以来，以 4～20mA 的模拟电流信号作为标准信号一直在过程控制领域中占据统治地位。20 世纪 70 年代，随着计算机技术的发展，数字式的计算机被引入到测控系统中，此时的计算机提供的是集中式控制处理。20 世纪 80 年代，在各种仪器设备中嵌入了具有计算分析判断功能的微处理器,出现了各种数字式的智能化仪器仪表,能够实现信息采集、显示、处理、传输、优化控制等,本身具备自动量程转换、自动调零、自校正及自诊断等功能。在过程控制领域,随着各种智能传感器、变送器和执行器的出现,一种新的控制系统体系——数字化到现场、控制功能到现场、设备管理到现场的现场总线控制系统应运而生。

如前所述,控制系统的发展历经集中式数字控制系统、集散控制系统、现场总线控制系统。

一、现场总线的定义

现场总线是一种应用于生产现场,在现场设备之间、现场设备与控制装置之间实行双向、串行、多节点数字通信的技术。或者说,现场总线是应用在生产现场、连接智能现场设备和自动化测量控制系统的数字式、双向传输、多分支结构的网络系统与控制系统,它以单个分散的数字化、智能化的测量和控制设备作为网络节点,用总线连接,实现相互交换信息,共同完成自动控制任务。

现场总线不仅是一种通信协议,也不仅是用数字信号传输的仪表代替模拟信号(DC 4~20mA)传输的仪表,关键是用新一代的现场总控制系统 FCS 代替传统的集散控制系统 DCS,实现现场通信网络与控制系统的集成。其本质含义体现在以下 6 个方面:

1. 全数字化通信

和半数字化的 DCS 不同,现场总线系统是一个纯数字系统。现场总线是用于过程自动化和制造自动化的现场设备或现场仪表互连的现场数字通信网络,利用数字信号代替模拟信号,其传输抗干扰性强,测量精度高,大大提高了系统的性能。

2. 现场设备互连

现场设备或现场仪表是指传感器、变送器和执行器等,这些设备通过一对传输线互连。传输线可以使用双绞线、同轴电缆和光纤等。

3. 互操作性

互操作性的含义来自不同制造厂的现场设备,不仅可以互相通信,而且可以统一组态,构成所需的控制回路,共同实现控制策略。

4. 分散功能块

FCS 取消了 DCS 的输入/输出单元和控制站,把 DCS 控制站的功能块分散地分配给现场仪表,实现了彻底的分散控制。

5. 通信线供电

现场总线的常用传输介质是双绞线,通信线供电方式允许现场仪表直接从通信线上摄取能量。

6. 开放式互联网络

现场总线为开放式互联网络,既可与同类网络互联,也可与不同网络互联,还可以实现网络数据库共享。

二、现场总线控制系统体系结构

现场总线技术将专用微处理器置入传统的测量控制仪表,使它们各自都具有一定的数字计算和数字通信能力,成为能独立承担某些控制、通信任务的网络节点。它们分别通过普通的双绞线、同轴电缆、光纤等多种途径进行信息传输,这样就形成了以多个测量控制仪表、计算机等作为节点连接成的网络系统。该网络系统按照公开、规范的通信协议,在位于生产现场的多个微机化自控设备之间,以及现场仪表与用作线、管理的远程计算机之间,实现数据传输与信息共享,进一步构成了各种适应实际需要的自动控制系统。简而言之,现场总线控制系统把单个分散的测量控制设备变成网络节点,并以现场总线为纽带,把它们连接成可以互相沟通信息,并和其他计算机共同完成自控任务的网络系统与控制系统。

现场总线控制系统的体系结构为:最底层的 Intranet 控制网(即 FCS),各控制器节点下放分散到现场,构成一种彻底的分布式控制体系结构。网络拓扑结构任意,可为总线型、星形、环形等;通信介质不受限制,可用双绞线、电力线、无线、红外线等各种形式。FCS 形成的 Intranet 控制网很容易与 Intranet 企业内部网以及 Internet 全球信息网互联,构成一个完整的企业网络三级体系结构。

三、现场总线的技术特点

1. 系统的开放性

开放系统是指通信协议公开,各不同厂家的设备之间可进行互连并实现信息交换,现场总线开发者就是致力于建立统一的工厂底层网络的开放系统。这里的开放是指对相关标准的一致、公开性,强调对标准的共识与遵从。一个开放系统,它可以与任何遵守相同标准的其他设备或系统相连。一个具有总线功能的现场总线网络系统必须是开放的。开放系统把系统集成的权力交给了用户。用户可按自己的需要和对象把来自不同供应商的产品组成大小随意的系统。

2. 互可操作性与互用性

这里的互可操作性,是指实现互连设备间、系统间的信息传送与沟通,可实行点对点、一点对多点的数字通信。而互用性,则意味着不同生产厂家的性能类似的设备可进行互换而实现互用。

3. 现场设备的智能化与功能自治性

它将传感测量、补偿计算、工程量处理与控制等功能分散到现场设备中完成,仅靠现场设备即可完成自动控制的基本功能,并可随时诊断设备的运行状态。

4. 系统结构的高度分散性

由于现场设备本身已可完成自动控制的基本功能,使得现场总线已构成一种新的全分布式控制系统的体系结构。从根本上改变了现有 DCS 集中与分散相结合的集散控制系统体系,简化了系统结构,提高了可靠性。

5．对现场环境的适应性

工作在现场设备前端，作为工厂网络底层的现场总线，是专为在现场环境工作而设计的，它可支持双绞线、同轴电缆、光缆、射频、红外线、电力线等，具有较强的抗干扰能力，能采用两线制实现送电与通信，并可满足本质安全防爆要求等。

四、现场总线技术标准

现场总线技术发展迅速，处于群雄并起、百家争鸣的阶段。只有遵守相同的现场总线技术标准，企业按照标准生产产品，才能够按照标准将不同产品组成一个有机的系统。围绕着现场总线的标准化，世界上各大知名厂商之间进行了激烈的竞争，使标准的制定工作进展缓慢。1999 年 7 月在加拿大渥太华召开会议（国际电工委员会负责工业测量和控制的第 65 标准化技术委员会 IEC/TC65），通过了 IEC61158 决议，规定了 8 种类型的现场总线国际标准，即 IEC61158 现场总线标准，分别是：FFH1、Control NET、Profibus、Interbus、P-Net、World FIP、FF、HSE（即 FF 的 H2）。其中，P-Net 是专用总线；Control NET、Profibus、Interbus 和 World FIP 是从 PLC 发展而来的；FF 和 HSE 是从传统 DCS 发展而来的。另外（国际电工委员会负责低压点起的 17B 标准化技术委员会 IEC/SC17B）也通过了 3 种现场总线国际标准（IEC62026-1），它们分别为：智能分布系统（Smart Distributed System，SDS）、执行器传感器接口（Actuator Sensor Interface，ASI）和 Device Net 设备网络。国际上另外一个组织（国际标准化组织 ISO），也推出了 ISO11898 决议，认定控制器局域网络（Control Area Network，CAN）总线为国际标准。目前国际上有 40 多种现场总线，其他如 Bit-bus、Modbus、Arcnet、ISP 等仍有各自的市场，具影响力的有 TF、Profibus、HART、CAN 以及 Lon Works 等。要实现这些总线的兼容和互操作是十分困难的，目前还没有任何一种现场总线能覆盖所有的应用领域。

由于技术出发点不同，目前的现场总线大都有各自的应用范围与应用领域，现列举部分如下：

(1)过程控制：FF、Profibus-PA、HART、WorldFIP。

(2)制造自动化：Profibus-DP、Interbus。

(3)农业、养殖业、食品加工业：P-Net。

(4)楼宇自动化：LonWorks、Profibus-DP。

(5)汽车检测、控制：CAN。

第三节　典型的现场总线技术分析

一、基金会现场总线

基金会开发的现场总线，即 Foudation Fieldbus，简称 FF，是在过程自动化领域得到广泛支持和具有良好发展前景的技术。美国 Fisher Rousemount 公司联合横河、Foxboro、

ABB、西门子等 80 家公司制定了 ISP 协议，Honeywell 公司联合欧洲等地的 150 家公司制定了 WordFIP 协议。这两大集团于 1994 年 9 月合并，成立了现场总线基金会，致力于开发出国际上统一的现场总线协议。它以 ISO/OSI 开放系统互连模型为基础，取其物理层、链路层、应用层为 FF 通信模型的相应层次，并在应用层上增加了用户层。

基金会开发的现场总线分低速 H1 和高速 H2 两种通信速率。H1 的传输速率为 3125kbit/s，通信距离可达 1900m（可加中继器延长），支持总线供电，支持本质安全防爆环境。H2 的传输速率为 1Mbit/s 和 2.5Mbit/s 两种，其通信距离为 750m 和 500m，物理传输介质可支持双绞线、光缆和无线发射，协议符合 IEC1158-2 标准。其物理媒介的传输信号采用曼彻斯特编码，每位发送数据的中心位置或是正跳变，或是负跳变。正跳变代表 0，负跳变代表 1，从而使串行数据位流中具有足够的定位信息，以保持发送双方的时间同步。接收方既可根据跳变的极性来判断数据的"1""0"状态，也可根据数据的中心位置精确定位。

为满足用户需要，Honeywell、Reman 等公司已开发出可完成物理层和部分链路层协议的专用芯片，许多仪表公司都开发出符合 FF 协议的产品。

二、Lon Works

局部操作网络（Local Operating Network，Lon Works）是由美国 Echelon 公司推出并由其与摩托罗拉、东芝公司共同倡导，于 1990 年正式公布而形成的。它采用了 ISO/OSI 模型的全部 7 层通信协议，采用了面向对象的设计方法，通过网络变量把网络通信设计简化为参数设置，其通信速率从 300bit/s～1.25Mbit/s 不等，支持双绞线、同轴电缆、光纤、射频、红外线、电力线等多种通信介质，被誉为通用控制网络。

Lon Works 技术所采用的 Lon Talk 协议被封装在称之为 Neuron 的神经元芯片中并得以实现。集成芯片中有 3 个 8 位 CPU：第一个用于完成开放互连模型中第 1～2 层的功能，称为媒体访问控制处理器；第二个用于完成第 3～6 层的功能，称为网络处理器；第三个是应用处理器，执行操作系统服务与用户代码。芯片中还具有存储信息缓冲区，以实现 CPU 之间的信息传递，并作为网络缓冲区和应用缓冲区。

Lon Works 技术的不断推广促成了神经元芯片的低成本，而芯片的低成本又反过来促进了 Lon Works 技术的推广应用，形成了良好循环。

Echelon 公司的技术策略是鼓励各 OEM 开发商运用 Lon Works 技术和神经元芯片，开发自己的应用产品，目前已有 2600 多家公司在不同程度上采用了 Lon Works 技术，其中 1000 多家公司已经推出了 Lon Works 产品，并进一步组织起 Lon Works 互操作协会，开发推广 Lon Works 技术与产品。为了支持 Lon Works 与其他协议和网络之间的互联与互操作，Echelon 公司正在开发各种网关，以便将 Lon Works 与以太网、FF、Modbus、DeviceNet、Profibus、Serplex 等互联为系统。另外，在开发智能通信接口、智能传感器方面，Lon Works 神经元芯片也具有独特的优势。Lon Works 技术已经被美国暖通工程师协会 ASRE 定为建筑自动化协议 BACnet 的一个标准。美国消费电子制造商协会已经通过决议，以 Lon Works 技术为基础制定了 EIA-709 标准。Lon Works 被广泛应用在楼宇自动化、家庭自动化、保安系统、办公设备、运输设备、工业过程控制等领域。

三、Profibus

Profibus 是作为德国国家标准 DIN19245 和欧洲标准 prEN50170 的现场总线。ISO/OSI 模型也是它的参考模型。Profibus-DP、Profibus-FMS 和 Profibus-PA 组成了 Profibus 系列。其中,DP 型用于分散外设间的高速传输,适合于加工自动化领域的应用。FMS 型适用于纺织、楼宇自动化、可编程控制器、低压开关等一般自动化。PA 型是用于过程自动化的总线类型,它遵从 IECU58-2 标准。该项技术是由以西门子公司为主的十几家德国公司、研究所共同推出的。它采用了 OSI 模型的物理层、数据链路层,由这两部分形成了其标准第一部分的子集,DP 型隐去了第 3~7 层,而增加了直接数据连接拟合作为用户接口,FMS 型只隐去第 3~6 层,采用了应用层,作为标准的第二部分,PA 型的标准目前还处于制定过程之中,与 FF 通信技术的低速网段部分标准相兼容,其传输技术遵从 IEC1158-2(1)标准,可实现总线供电与本质安全防爆。

Profibus 支持主-从系统、纯主站系统、多主多从混合系统等几种传输方式。主站具有对总线的控制权,可主动发送信息。对多主站系统来说,主站之间采用令牌方式传递信息,得到令牌的站点可在一个事先规定的时间内拥有总线控制权,并事先规定好令牌在各主站中循环一周的最长时间。按 Profibus 的通信规范,令牌在主站之间按地址编号顺序,沿上行方向进行传递。主站在得到控制权时,可以按主-从方式,向从站发送或索取信息,实现点对点通信。主站可采取对所有站点广播(不要求应答),或有选择地向一组站点广播。

Profibus 的传输速率为 9.6~12Mb/s,最大传输距离在 12Mb/s 时为 1000 米,当用双绞线时传输距离可达 10km,用光纤时,最大传输距离可达 90km,最多可接入 127 个站点。

四、CAN

控制网络(Control Area Network,CAN)最早由德国 BOSCH 公司推出,用于汽车内部测量与执行部件之间的数据通信。其总线规范现已被 ISO 国际标准组织制定为国际标准,得到了 Motorola、Intel、Philips、Siemens、NEC 等公司的支持,已广泛应用在离散控制领域。

CAN 协议也是建立在国际标准组织的开放系统互连模型基础上的,不过,其模型结构只有 3 层,只取物理层、数据链路层和应用层。其信号传输介质为双绞线,通信速率最高可达 1 Mbit/s,直接传输距离最远可达 10 km,可挂接设备最多可达 110 个。

CAN 的信号传输采用短帧结构,每一帧的有效字节数为 8 个,因而传输时间短,受干扰的概率低。当节点发生严重错误时,具有自动关闭的功能以切断该节点与总线的联系,使总线上的其他节点及其通信不受影响,具有较强的抗干扰能力。

CAN 支持多主方式工作,网络上任何节点均在任意时刻主动向其他节点发送信息,支持点对点、一点对多点和全局广播方式接收与发送数据。它采用总线仲裁技术,当出现几个节点同时在网络上传输信息时,优先级高的节点可继续传输数据,而优先级低的节点则主动停止发送,从而避免了总线冲突。已有多家公司开发生产了符合 CAN 协议的通信芯片,如 Intel 公司的 82527,Motorola 公司的 MC68HC05X4,Philips 公司的 82C250 等。还有插在 PC 上的 CAN 总线接口卡,具有接口简单、编程方便、开发系统价格便宜等优点。

五、HART

可寻址远程传感高速通道的开放通信协议（Highway Addressable Remote Transduer，HART）最早由 Rosemout 公司开发并得到 80 多家著名仪表公司的支持，于 1993 年成立了 HART 通信基金会。其特点是在现有模拟信号传输线上实现数字通信，属于模拟系统向数字系统转变过程中工业过程控制的过渡性产品，因而在当前的过渡时期具有较强的市场竞争能力，得到了较好的发展。

HART 通信模型由 3 层组成：物理层、数据链路层和应用层。物理层采用频移键控（Freuency Shift Keying，FSK）技术在 4～20mA 模拟信号上叠加一个频率信号，频率信号采用 Bell 202 国际标准；数据传输速率为 1200bit/s，逻辑"0"的信号传输频率为 2200Hz，逻辑"1"的信号传输频率为 1200Hz。

数据链路层用于按 HART 通信协议规则建立 HART 信息格式。其信息构成包括开头码、显示终端与现场设备地址、字节数、现场设备状态与通信状态、数据、奇偶校验等。其数据字节结构为 1 个起始位，8 个数据位，1 个奇偶校验位，1 个终止位。应用层的作用在于使 HART 指令付诸实现，即把通信状态转换成相应的信息。HART 信息格式规定了一系列命令，按命令方式工作。它有 3 类命令：第一类称为通用命令，这是所有设备理解、执行的命令；第二类称为一般行为命令，它所提供的功能可以在许多现场设备（尽管不是全部）中实现，这类命令包括最常用的现场设备的功能库；第三类称为特殊设备命令，以便在某些设备中实现特殊功能，这类命令可以在基金会中开放使用，又可以为开发此命令的公司所独有。在一个现场设备中通常可发现同时存在这 3 类命令。HART 支持点对点主从应答方式和多点广播方式。按应答方式工作时的数据更新速率为 2～3 次/秒，按广播方式工作时的数据更新速率为 3～4 次/秒，它还可支持 2 个通信主设备。总线上可挂设备数多达 15 个，每个现场设备可有 256 个变量，每个信息最大可包含 4 个变量。最大传输距离为 3000m，HART 采用统一的设备描述语言数据库模式定义语言（Data Definition Language，DDL）。现场设备开发商采用这种标准语言来描述设备特性，由 HART 基金会负责登记、管理这些设备描述并把它们编为设备描述字典，主设备运用 DDL 技术来理解这些设备的特性参数而不必为这些设备开发专用接口。但由于这种模拟数字混合信号制，导致难以开发出一种能满足各公司要求的通信接口芯片。HART 能利用总线供电，可满足本质安全防爆要求。

六、RS-485

尽管 RS-485 不能称为现场总线，但是作为现场总线的鼻祖，还有许多设备继续沿用这种通信协议。采用 RS-485 通信具有设备简单、低成本等优势，仍有一定的生命力。以 RS-485 为基础的 OPTO-22 命令集等也在许多系统中得到了广泛的应用。

EIA-RS-485 总线是工业领域广泛应用的 ISO/OSI 模型物理层标准协议之一，具有如下特点：

1. 电气特性

RS-485 采用两线差分平衡传输，其差分平衡电路如图 4-3 所示。每个信号都有专用的导线对,将其中一线定义为 A,另一线定义为 B,其中一根导线上的电压等于另一根导线上的电压取反,接收器的输入电压为 A、B 两根导线电压的差值 $U_A - U_B$。

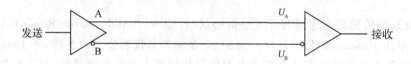

图 4-3 差分平衡电路

其信号定义如下:

逻辑 0:差分电压为 $-2.5 \sim -0.2V$ 时。

逻辑 1:差分电压为 $+0.2 \sim +2.5V$ 时。

在 RS-485 的接收器端,如果 U_A 至少比 U_B 高 0.2V,接收器就认为它为逻辑 1,如果 U_B 至少比 U_A 高 0.2 V,那么接收器就认为它是逻辑 0。

RSW85 采用差分电路最大的优点是抑制噪声,因为 A、B 两根信号线传递大小几乎相同、方向相反的电流,而大多数的噪声电压往往在两条导线上同时出现,这就减少了接收到的噪声,差分运算使得任何一条导线上出现的噪声电压都被在另一条导线上同时出现的噪声电压所抵消。差分电路的另一个优点是不受节点间接地电平差异的影响。最大传输距离约为 1200m,最大传输速率为 10Mbit/s($\leqslant$40 m)。

2. 机械特性

采用 RS-232/RS-485 连接器(如 ADAM4520)将 PC 串口 RS-232 信号转换成 RS-485 信号,或接入 TTL/RS-485 转换器(如 MAX485)将 I/O 接口芯片的 TTL 电平信号转换成 RS-485 信号,进行远距离高速双向通信。

3. 功能与规程特性

数据传输介质采用双绞线、同轴电缆或光缆,安装简易,电缆数量、连接器、中继器、滤波器使用数量较少(每个中继器可延长线路 1200m),网络成本低廉。

第四节　现场总线控制系统

现场总线控制系统是用开放的现场总线控制通信网络将自动化最底层的现场控制器和现场智能仪表设备互连的实时全数字网络控制系统。现场总线控制系统要求在功能上管理集中,在控制上分散,在结构上横向分散并且纵向分级,同时系统具有快速实时的响应能力。

一、现场总线控制系统的优点

现场总线控制系统结构的简化,使控制系统的设计、安装、投运到正常生产运行及其检修维护,都体现出优越性。

(1)节省硬件数量与投资:由于现场总线系统中分散在设备前端的智能设备能直接执行

多种传感、控制、报警和计算功能,因而可减少变送器的数量,不再需要单独的控制器、计算单元等,也不再需要 DCS 系统的信号调理、转换、隔离技术等功能单元极其复杂的接线,还可以用工控 PC 作为操作站,从而节省了一大笔硬件投资。由于控制设备的减少,还可减少控制室的占地面积。

(2)节省安装费用:现场总线系统的接线十分简单,由于一对双绞线或一条电缆上通常可挂接多个设备,因而电缆、端子、槽盒、桥架的用量大大减少,连线设计与接头校对的工作量也大大减少。当需要增加现场控制设备时,无须增设新的电缆,可就近连接在原有的电缆上,既节省了投资,也减少了设计、安装的工作量。据有关典型试验工程的测算资料,可节约安装费用 60% 以上。

(3)节省维护开销:由于现场控制设备具有自诊断与简单故障处理的能力,并通过数字通信将相关的诊断维护信息送往控制室,用户可以查询所有设备的运行、诊断维护信息,以便早期分析故障原因并快速排除。缩短了维护停工时间,同时由于系统结构简化、连线简单而减少了维护工作量。

(4)用户具有高度的系统集成主动权:用户可以自由选择不同厂商所提供的设备来集成系统。避免因选择了某一品牌的产品被"框死"了设备的选择范围,不会让用户为系统集成中不兼容的协议、接口而一筹莫展,使系统集成过程中的主动权完全掌握在用户手中。

(5)提高了系统的准确性与可靠性:由于现场总线设备的智能化、数字化,与模拟信号相比,它从根本上提高了测量与控制的准确度,减少了传送误差。同时,由于系统的结构简化,设备与连线减少,现场仪表内部功能加强,减少了信号的往返传输,提高了系统的工作可靠性。此外,由于它的设备标准化和功能模块化,因而还具有设计简单、易于重构等优点。

二、现场总线控制系统采取的实时性措施

(1)简化 OSI 协议,提高实时响应能力。现场总线控制系统的通信协议一般为物理层、链路层、应用层,再增加一个用户层作为网络节点,互联成底层总线网,如 Profibus 总线的 4 层结构。

(2)控制功能彻底分散,直接面向对象,接口直观简洁。把基本控制功能下放到现场具有智能的芯片或功能块中,同时将具有测量、变送、控制与通信功能的功能块作为网络节点,互联成底层总线网。如 Profibus 总线系统,按照主站、从站分,把底层的通信及控制集中到从站来完成。各公司厂商提供较齐全的各类主站与从站系列芯片,实现起来既简单又便宜。又如 Lon Works,虽然通信协议与 OSI 相同为 7 层,但全部固化在一个神经元芯片中,不需要经网络传输,同样可加快实时响应能力。网络变量存储于神经元芯片只读内存(Read Only Memory,ROM)中,由节点代码编译时确定,同类型的网络变量连接起来进行自控,大大简化了开发和安装分布系统的过程。

(3)介质访问协议。大部分现场总线控制系统均为令牌传递总线访问方式,既可达到通信快速的目的,又可以有较高的性价比。只有 Lon Works 采用改进型的,即带预测 P-坚持 CSMA(Carrier Sense Multiphe Access,载波监听多路访问方式)。它相比传统的多路访问冲突检测 CSMA 方法,减少了网络碰撞率,提高了负载时的效率,并采用了紧急优先机制,以提高它的实时性与可靠性。

（4）通信方式。一般分调度通信和非调度通信。调度通信用于设备间周期性传输，控制的数据预先设定；非调度通信用于参数设定、设备诊断报警处理。以其功能分，有主站和从站。从站仅在收到信息时确认或当主站发出请求时向它发信息，所以只需一小部分总线协议，既经济，实时性也强。

三、现场总线控制系统主要设备

现场总线将现场变送器、控制器、执行器及其他设备以节点设备形式连接起来，便组成现场总线控制系统。其基本设备有如下几类：

1．检测、变送器

常用现场总线变送器有温度、压力、流量、物位和成分分析等变送器，具有检测、变换、零点与增益校正、非线性补偿等功能，同时还常嵌有 PID 控制和各种运算功能。现场总线变送器是一种智能变送器，具有模拟量和数字量输出以及符合总线要求的通信协议。

2．执行器

常用现场总线执行器有电动和气动两大类，除具有驱动和执行两种基本功能外，还内含有调节阀输出特性补偿，嵌有 PID 控制和运算功能，以及对阀门的特性进行自检和自诊断等。

3．服务器和网桥

例如利用 FF 现场总线组成控制系统，必须在服务器下连接 H1 和 H2 总线系统，而网桥用于 H1 和 H2 之间的连通。

4．辅助设备

为使现场总线系统正常工作，还必须有各种转换器、总线电源、安全栅和便携式编程器等辅助设备。

5．监控设备

除供工程师对各种现场总线控制系统进行硬件和软件组态的设备和供操作人员对生产工艺进行操作的设备外，还必须有用于工程建模、控制和优化调度的计算机工作站等。

所有上述设备与常规仪表控制系统不同，它必须是数字化、智能化的仪表，具有支持现场总线系统的接口和符合现场总线控制系统通信协议的运行程序。必须指出，在现场总线控制系统中分散到变送器和执行器中的 PID 控制，通过硬件组态同样可以方便地组成诸如串级、比值和前馈-反馈控制等多回路控制系统。当然，若控制系统需要采用更复杂的 PID 控制规律或者采用非 PID 控制规律时，例如自适应控制、推理控制和 Smith 预估控制等，嵌入式 PID 单元是难以胜任的，通常这些由位于现场总线网络上的监控计算机完成。此外，传统仪表的显示、记录、打印等功能，在现场总线控制系统中均由相应的软件通过网络上的监控计算机来完成。只有在特殊要求的情况下，现场总线显示仪表、记录仪表和打印仪表才被使用。

四、现场总线控制系统的结构

利用现场总线将网络上的监控计算机和现场总线单元设备连接起来便组成了现场总线

控制系统,图 4-4 为现场总线控制系统的一般结构。虽然由于采用不同的现场总线,其结构形式略有差异,但该结构形式仍不失为一般性结构。

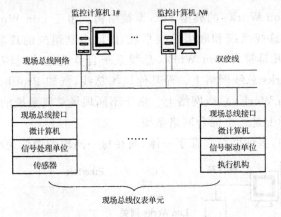

图 4-4　现场总线控制系统的一般结构

由图 4-4 可见,现场总线控制系统将传统仪表单元微机化,并用现场网络方式代替了点对点的传统连接方式,从根本上改变了过程控制系统的结构和关联方式。对于不同的现场总线标准,其相应的现场总线控制系统也有一定的差别,下面来看两个例子。

1. 基于 FF 现场总线组成的典型现场总线控制系统

图 4-5 为基于 FF 现场总线的典型 FCS 结构。由图 4-5 可见,基于 FF 总线的 FCS 结构可把现场总线仪表分为两类:一类是通信数据较多,通信速率要求高和要求实时性强的现场总线仪表,直接连接在 H2 总线系统上;而其他要求数据通信速率较慢、实时性要求不高的现场总线仪表,则全部连接在 H1 总线上。由于每一条总线只能连接 32 台现场总线仪表,因而多条 H1 总线可通过网桥连接到 H2 总线上,以提高通信速率,保证整个系统的实时性要求和控制需要。多条 H1 和 H2 总线通过服务器和局域网(Local Area Network,LAN)

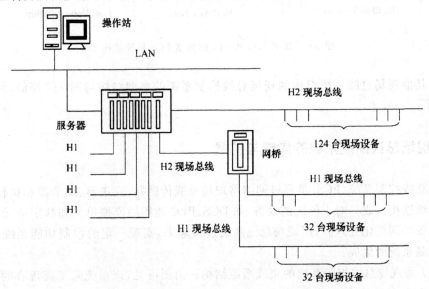

图 4-5　基于 FF 现场总线的典型 FCS 结构

与监控计算机或操作站进行数据通信。

2. 基于 Lon Works 现场总线组成的典型现场总线控制系统

图 4-6 为基于 Lon Works 的典型 FCS 系统结构。由于 Lon Works 总线的网络功能较强,能支持多种现场总线系统和底层总线系统,因此由其组成的现场总线系统结构较为复杂,功能较为全面。凡是符合 Lon Works 总线系统自身规范的现场总线仪表,均可通过路由器连接到 Lon Works 总线网络上。而其他现场总线,例如 Profibus、Device Net 等,则可通过网关连接到 Lon Works 总线网络上。由于不同现场总线系统的通信速率各异,故由此组成的控制系统实际上是一个混合网络系统。

在该混合系统中,多种网络共存于一体,而在每一网段的通信速率是不同的。

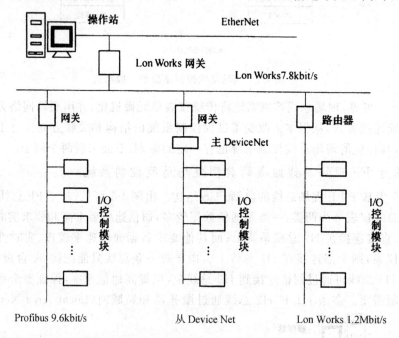

图 4-6 基于 Lon Works 的典型 FCS 系统结构

至于其他现场总线系统组成的现场总线控制系统的典型结构与图 4-4 相似,但略有差异,因此不一一叙述。

五、现场总线控制系统的集成与扩展

现场总线控制系统(FCS)是通过网络将现场总线传感器、变送器、调节器和执行器等利用现场总线连接而成。对于传统的设备,如 DCS、PLC 通用的模拟单元和数字单元等,将这些传统设备经网络化处理后,用现场总线系统连接起来,实现一定的控制功能系统,成为现场总线控制系统的集成。

图 4-7 为现场总线控制系统的集成系统结构。由图可见,该系统除了将现有的 DCS 和PLC 等控制装备以及检测、变送、控制、计算、执行和显示等现场总线仪表集成到系统中外,

还将 I/O 接口、测量仪表、执行机构和监控显示器等传统仪表集成到系统中。此外,为了实时监视系统的运行状态和分析故障,还集成了分析监测、组态维护、数控装置和手动操作等专用或特殊设备。

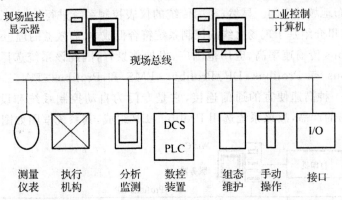

图 4-7 现场总线控制系统的集成系统结构

随着现代生产过程规模的不断扩大,现场总线控制系统的规模不断增大,控制任务也在扩展,除了完成常规的过程控制任务外,还需进行企业生产管理的自动化和协调化,实现企业综合自动化。因此,现场总线控制系统与上层管理、控制系统有机地结合起来实现系统的扩展是必然的。

图 4-8 为基于 FCS 的现代控制管理结构。由图 4-8 可见,底层单元组合仪表或数字仪表,如变送器、执行器、分析监测、DCS 系统和组态 PC 等与中层开放式标准化生产管理系统通过现场总线系统将所有信息集成和管理起来;而中层则通过局域网(LAN)将上层全开放式面向用户服务的一体化信息管理系统连接起来,以实现更高层次的信息共享。同时还可根据需要连接到 Internet 和广域网上。

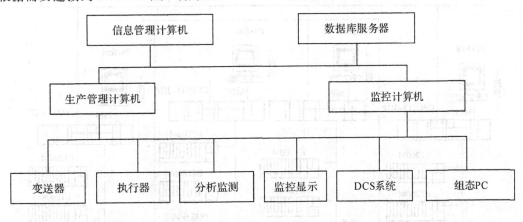

图 4-8 基于 FCS 的现代控制管理系统结构

六、现场总线控制系统实例

目前,现场总线控制系统已广泛应用于石油、化工、电力、食品、轻工、冶金、机械等行业中,实现生产过程的自动化。下面介绍一个应用实例。

　　某化工厂有石灰车间、重碱车间、煅烧车间、盐硝车间、热电车间和压缩车间。有温度、压力、流量、液位、物位、成分分析等热工参数,数字量、开关量检测点 800 多个和数百个控制回路,且各车间分布地域较广阔。显然,利用传统的仪表控制系统进行检测、控制和集中管理是很难实现的。这里介绍基于现场总线的控制系统符合低成本、高效益的理想控制方案。

　　由于 Profibus 传输速率高、应用范围广、发展前景好,因此该系统选择 Profibus 组成现场总线。Profibus 有 Profibus-DP、Profibus-FMS 和 Profibus-PA 三个兼容品种,而 Profibus-DP 是一种高速便宜的通信连接,它是专门为自动控制系统和设备级分散的 I/O 设计的进行通信的产品,故该系统选用 Profibus-DP 组成,其系统框图如图 4-9 所示。

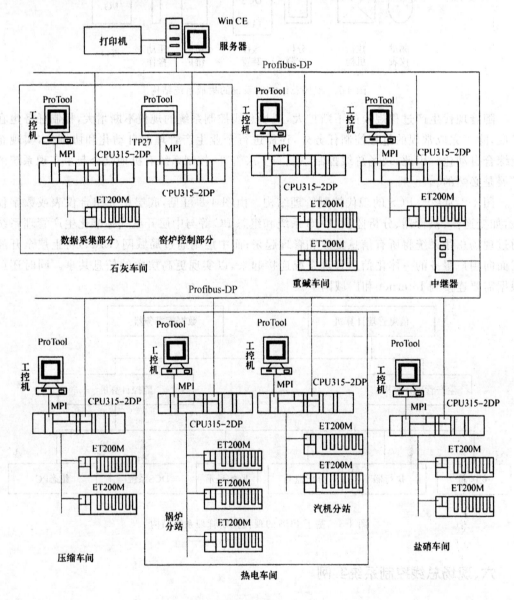

图 4-9　化工厂现场总线控制系统

由图 4-9 可知,各车间的网络布置是基本相同的,仅是检测变送器、仪表和控制回路多少的区别,整个控制系统由现场过程控制级、车间监控级和集团公司管理级(总调度室)三个层次组成。

1. 现场过程控制级

由图 4-9 可见,ET200M 为 I/O 接口模块,生产过程的各被测量和控制回路,即各种变送器、调节器、执行器等均挂接于 ET200M 上。然后 ET200M 通过 Profibus-DP 现场总线挂接到中央微处理单元模块 CPU315-2DP。在 ET200M 上挂接的模块有:模拟输入和输出模块 SM331 和 SM332;数字量、开关量输入和输出模块 SM321 和 SM322;热电阻模块 SM331-RT;热电偶模块 SM331-TC;称重模块 SIWAREX-U 等。每一个 ET200M 接口可扩展 8 个 I/O 模块,其与车间监控站的通信速率为 12Mbit/s。

由此可见,生产过程各种工艺参数的采集、控制均由现场控制级完成,并通过Profibus-DP与车间监控级进行通信。

2. 车间监控级

该级主要设备有西门子 SIMATICS7-300 系列 PLC、中央微处理单元 CPU315-2DP 和工业控制计算机。主要功能有:硬件和软件组态、优化现场级的控制、数据采集和与现场过程控制级及集团公司管理级的数据通信等。

CPU315-2DP 适用于中到大规模分布式自动控制系统和通过 Profibus-DP 连接的控制设备,具有 Profibus-DP 标准接口,使系统简单、可靠。CPU315-2DP 有安全的数据库、可进行自检和在线故障诊断及故障报警等。

3. 集团公司管理级

该级主要设备为 WinCE 服务器和打印机等。WinCE 通过 Profibus-DP 总线与现场通信。WinCE 是真正开放的软件,具有使用简单、组态方便、性能可靠、功能齐全等特点。被广泛应用于邮电、市政、电力、化工、石油等工业过程控制和企业管理中。

本系统的数据通信使用两种速率,各车间内部通信速率为 1.5Mbit/s;而各车间到集团公司管理级的通信速率为 187.5Mbit/s。该系统的 Profibus 总线长度超过 1500m,为加强信号强度,中间增加一个中继器。

本系统操作简单、工作可靠、性能稳定、控制精度高,可以获得良好的经济效益和社会效益。

第五节　工业以太网在电气控制系统中的应用

一、工业以太网概述

随着计算机、通信、网络等信息技术的飞速发展,需要建立包含从工业现场设备层到控制层、管理层等各个层次的综合自动化网络平台,建立以工业控制网络技术为基础的企业信息化系统。

以太网技术以价格低廉、稳定可靠、通信速率高、软硬件产品丰富、应用广泛以及支持技术成熟等优点而得到较快的发展,其应用也由办公自动化和商业领域进入工业控制领域。工业控制网络如果采用以太网,就可以避免其游离于计算机网络技术的发展主流之外,从而使工业控制网络与信息网络技术相互促进,共同发展,并保证技术上的可持续发展,因此在工业控制领域,多家厂商纷纷推出自己的产品,工业以太网已成为工业控制网络的重要发展方向。

所谓工业以太网,是指其在技术上与商用以太网(IEEE 802.3 标准)兼容,但材质的选用、产品的强度和适用性方面应能满足工业现场的需要,即在环境适应性、可靠性、安全性和安装使用方面满足工业现场的需要。与专门为工业控制而开发的现场总线相比,工业以太网技术的优点表现在应用广泛,为所有的编程语言所支持;软硬件资源丰富;易于与Internet 连接,实现办公自动化网络与工业控制网络的无缝连接;可持续发展的空间大等。尽管存在许多优点,但采用以太网技术也必然会存在这样那样的问题。以太网由于采用带冲突检测的载波监听多路访问技术(Carrier Sense Multiple Access with Collision Detection,CSMA/CD)介质访问控制机制,即多个节点都连接在一条总线上,所有的节点都不断向总线发出监听信号,但在同一时刻只能有一个节点在总线上进行传输,而其他节点必须等待其传输结束后再开始自己的传输。显然采用这种处理冲突的算法具有排队延迟不确定的缺陷,无法保证确定的排队延迟和通信响应的确定性,如果不采取必要的改进措施,将无法在工业控制中得到有效的使用。

二、以太网在控制领域的应用

以太网标准是 IEEE 802.3 所支持的局域网标准。按照国际标准化组织开放系统互联参考模型(ISO/OSI)的 7 层结构,以太网标准只定义了数据链路层和物理层。作为一个完整的通信系统,它需要高层协议的支持,APPARENT 在定义了 TCP/IP 高层通信协议并把以太网作为其数据链路层和物理层的协议之后,以太网便和 TCP/IP 紧密地捆绑在一起了。由于国际互联网采用了以太网和 TCP/IP 协议,人们甚至把诸如超文本链接等协议组放在一起,俗称为以太网技术;TCP/IP 的简单实用已为广大用户所接受。目前不仅在办公自动化领域,而且在各个企业的管理网络、监控层网络也都广泛使用以太网技术,并开始向现场设备层网络延伸。目前以太网在控制领域的应用主要包括以下 3 个方面:

1. 与其他控制网络结合的以太网

以太网在向现场级深入发展的过程中,一种重要思路是尽可能和其他形式的控制网络相融合。另外,以太网和 TCP/IP 协议一开始并不是面向控制领域的,在体系结构、协议规则、物理介质、数据、软件、适用环境等诸多方面与成熟的自动化解决方案(如 PLC、DCS、FCS)相比有一定差异,要想做到完全意义上的融合是很困难的。因此,以太网与其他控制形式保留各自优点、互为补充,是目前以太网进入控制领域的最常见的应用方案。

2. 专用的工业以太控制网络

采用了一些和普通以太网不同的专有技术,用以太网的结构实现现场总线所具备的控制功能。如前所述,真正意义上的工业以太网应该能很好地解决通信的确定性和实时性问题,提高对工业生产现场环境的适应能力,要求能在较宽温度范围内长期工作、封装牢固(抗震和防冲击)、导轨安装、电源冗余、DC 24 V 供电等,另外,还必须满足可靠性、安全性方面的需要。

3．嵌入式以太控制网络

嵌入式 Internet 是当前网络应用的热点,就是通过 Internet,使所有连接网络的设备彼此互通互联:从计算机、通信设备到仪器仪表、家用电器等。这些设备一般通过局域网和Internet相联。在以太网占局域网统治地位的今天,一种嵌入式、支持 TCP/IP 的网络控制器将成为这些设备进入局域网乃至因特网的基础。但这种由普通以太网构成的局域网在应用层上不能满足实时通信、复杂的工程模型组态以及设备间的高可互操作性,也不能满足工业现场某些方面的特殊要求,如本质安全、恶劣环境、可靠性等。它主要是使通用以太网能接纳带串行通信口的现场设备,达到数据采集和监控的目的。

三、工业以太网的关键技术

以太网过去被认为是一种"非确定性"的网络,作为信息技术的基础,是为 IT 领域应用而开发的,在工业控制领域只能得到有限应用,主要是因为:以太网的介质访问控制层协议采用带碰撞检测的载波侦听多址访问方式,当网络负荷较重时,网络的确定性不能满足工业控制实时性的要求;以太网所用的接插件、集线器、交换机和电缆等是为办公室应用而设计的,不符合工业现场恶劣环境要求;在工厂环境中,以太网抗干扰性能较差,若用于危险场合,以太网不具备本质安全性能;以太网不能通过信号线向现场设备供电。

随着互联网技术的发展与普及推广、以太网传输速率的提高和以太网交换技术的发展,上述影响工业以太网发展及应用的关键问题正在逐渐得到解决。

1．通信的确定性和实时性

工业控制网络必须满足对实时性的要求,即信号传输要速度快,确定性好。以太网过去一直被认为是为 IT 领域开发的,采用了带有冲突检测的载波侦听多路访问协议(CSMA/CD)以及二进制指数退避算法的非确定性网络系统。对于响应时间要求严格的控制过程,使用以太网技术可能由于冲突的产生造成响应时间不确定和信息不能按要求正常传递。这正是阻碍以太网应用于工业现场设备层的原因所在。

随着快速以太网与交换式以太网的发展,为解决以太网的非确定性问题带来了新的契机:首先,以太网的通信速率一再提高,从 10Mbit/s、100Mbit/s 增大到如今的 1000Mbit/s、10Gbit/s,在数据吞吐量相同的情况下,通信速率的提高意味着网络负荷的减轻,网络碰撞概率大大下降,提高了网络的确定性。其次,采用星形网络拓扑结构,交换机将网络划分为若干个网段。交换机之间通过主干网络进行连接,可对网络上传输的数据进行过滤,使每个网段内节点间的数据传输只在本地网段内进行,而不需经过主干网,从而使本地数据传输不占其他网段的带宽,降低了所有网段和主干网的网络负荷。最后,采用全双工通信方式。在一个用 5 类双绞线(光缆)连接的全双工交换式以太网中,其中一对线用来发送数据,另一对线用来接收数据,这样的交换式全双工以太网消除了冲突的可能,使以太网通信确定性和实时性大大提高。

同时,广大工业控制专家通过研究发现,当通信负荷小于10%时,以太网几乎不发生碰撞,或者说,因碰撞而引起的传输延迟几乎可以忽略不计。另一方面,在工业控制网络中,传输的信息多为周期性测量和控制数据,报文小,信息量少,信息流向也具有明显的方向性,即由变送器传向控制器,由控制器传向执行机构。在拥有6000个I/O的典型工业控制系统中,通信负荷为10Mbit/s的以太网占5%左右,即使有操作员信息传送(如设定值的改变、用户应用程序的下载等),其负荷也完全可以保持在10%以下。因此,通过适当的系统设计和流量控制技术,以太网完全能用于工业控制网络。事实也是如此。

2. 工业以太网的可靠性和安全性

传统的以太网是为办公自动化的领域应用而设计的,并没有考虑工业现场环境的需要(如冗余电源供电、高温、低温、防尘等),故商用网络产品不能应用在有较高可靠性要求的恶劣工业现场环境中。

随着网络技术的发展,上述问题正迅速得到解决。为了解决网络在工业应用领域和极端条件下稳定工作的问题,美国Synergetic微系统公司和德国Hirschmann、Phoenix Contact、Jetter AG等公司专门开发和生产了导轨式集线器、交换机产品并安装在标准DIN导轨上,配有冗余供电,接插件采用牢固的DB-9结构,而在IEEE 802.3af标准中,对以太网的总线供电规范也进行了定义。此外,在实际应用中,主干网可采用光纤传输,现场设备的连接则可采用屏蔽双绞线,对重要的网段还可采用冗余网络技术,以提高网络的抗干扰能力和可靠性。

在工业生产过程中,很多现场不可避免地存在易燃、易爆或有毒的气体,应用于这些场合的设备都必须采用一定的防爆措施来保证工业现场的安全生产。现场设备的防爆技术包括两类,即隔爆型(如增安、气密、浇封等)和本质安全型。与隔爆技术相比较,本质安全技术采取抑制点火源能量作为防爆手段,其关键技术为低功耗技术和本质安全防爆技术。由于目前以太网收发器本身的功耗都比较大,一般都在60~70mA(5V工作电源),低功耗的以太网现场设备设计难以实现,因此,在目前技术条件下,对以太网系统可采用隔爆防爆的措施,确保现场设备本身的故障产生的点火能量不外泄,保证运行的安全性。

另外,工业以太网实现了与Internet的无缝集成,实现了工厂信息的垂直集成,但同时也带来了一系列的网络安全问题,包括病毒、黑客的非法入侵与非法操作等网络安全威胁问题。对此,一般可采用网关或防火墙等方法,将内部控制网络与外部信息网络系统相隔离;另外,还可以通过权限控制、数据加密等多种安全机制来加强网络的安全管理。

3. 总线供电问题

总线供电(或称总线馈电)是指连接到现场设备的线缆不仅传输数据信号,还能给现场设备提供工作电源。对于现场设备供电可以采取以下方法:

(1)在目前以太网标准的基础上适当地修改物理层的技术规范,将以太网的曼彻斯特信号调制到一个直流或低频交流电源上,在现场设备端再将这两路信号分离开来。

(2)不改变目前物理层的结构,而是通过连接电缆中的空闲线缆为现场设备提供电源。

四、几种工业以太网及系统结构

鉴于工业以太网的快速发展和关键问题的突破,使得工业自动化领域控制级以上的通信网络正在逐步统一到工业以太网,并正在向下逐渐延伸。目前,典型的工业以太网主要有以下 4 个:Modbus-IDA(Modbus protoco lon TCP/IP)工业以太网、Ethernet/IP(the Control Net/Device Net Objection TCP/IP)工业以太网、Foundation Fieldbus HSE(High Speed Ethernet)工业以太网和 PROFINET(Profibus on Ethernet)工业以太网。下面分别介绍。

1. Modbus-IDA 工业以太网

分布式自动化接口组织 IDA(Interface for Distributed Automation)是由德国 Phoenix Contact 公司和法国 Schneider 电气公司等多家公司于 2000 年 3 月联合成立的,该组织提出一套基于以太网、TCP/IP 协议的用于分布式自动化的接口标准,利用这个接口标准,可以建立基于以太网和 Web 的分布式智能控制系统。IDA 组织开发的工业以太网的主要定义有:协议、方法和用于节点间实时及管理通信的对象结构;为了实现不同生产商工具和设备间的对象交换,将使用基于 XML 的对象描述和交换机制;通过定义一个安全层,将大大增强网络的安全性;为了同步设备的时钟,定义了高精度同步的方法;定义了设备描述、IP寻址和设备映象等方法,简化设备的安装和替换,实现真正意义上的即插即用。

Modbus 协议原为美国 Modicon 公司于 20 世纪 70 年代所发表的用于 PLC 产品的通信协议。由于其功能比较完善,很容易实现,适用于不少工业用户所需要的通信类别,所以被许多系统供应商采纳,得到很广泛的应用,已成为事实上的工业通信标准。早期的 Modbus 协议似乎建立在 TIA/EIA 标准 RS-232F 和 RS-485A 串行链路的基础上,近年来,随着 Modbus 协议不断发展,已经将 Web Server、Ethernet 和 TCP/IP 等技术引入应用协议。于是,在 2002 年 5 月以法国 Schneider 公司为首的 Modbus 组织(Modbus Organization)发表了 Modbus TCP/IP 规范。这一规范建立在 IETF 标准 RFC793 和 RFC791 基础上。

Modbus TCP/IP 基本上用简单方式将 Modbus 帧嵌入 TCP 帧,这是一种面向连接的传送,它们需要响应。使用 UDP 不需要响应,其差错检验通常在应用层完成。上述求应/响应技术很适用于 Modbus 的主站/从站特性,交换式以太网为用户提供确定性特性。在 TCP 帧中使用开放的 Modbus 可提供一种系统规模可伸缩的方案,由 10 个网络节点到 100 个网络节点,无须采用多目的传送技术。

Modbus 组织和 IDA 集团都致力于建立基于 Ethernet TCP/IP 和 Web 互联网技术的分布式智能自动化系统,因此,合并后的 Modbus IDA 工业以太网将会更加完善,其系统构成框图如图 4-10 所示。从图 4-10 中可以看出,该系统是总线型分级分布式系统结构,当然以太网也可以采用环形拓扑结构。管理级采用以太网 TCP/IP 标准,它由目前流行的商用以太网集线器、交换机和收发器等构成,可完成用户各种管理功能;控制级包括 PLC、IPC、分布式 I/O、人机界面、电机速度控制器和网关等,采用 Modbus TCP/IP 协议,完成各种控制功能;现场级可采用基于 Modbus 协议或 Ethernet 协议的各类设备和 I/O 装备;嵌入式 Web 服务是系统核心技术之一,使用标准的 Internet 浏览器就可以读取设备的各类信息,修改设备的配置和查看历史故障记录。同时,通过集成式 Web 服务器可完成系统设备的诊断功能。

Modbus-IDA 通信协议模型建立在面向对象的基础上,这些对象可以通过 API 应用程序接口被应用层调用。通信协议同时提供实时服务和非实时服务。非实时通信基于TCP/IP协议,充分采用 IT 成熟技术,如基于网页的超文本传输(HTTP)、文件传输(FTP)、网络管理(SNMP)、地址管理(BOOTP/DHCP)和邮件通知(SMTP)等;实时通信服务建立在实时发

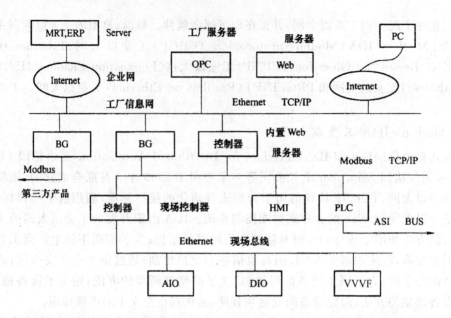

图 4-10 Modbus-IDA 工业以太网系统结构

布者/预订者模式(RTPS)和 Modbus 协议之上。RTPS 协议及其应用程序接口(API)由一个对各种设备都一致的中间件来实现,它采用美国 RTI 公司的 NDDS3.0 实时通信系统,并构建在 UDP 协议上;Modbus 协议构建在 TCP 协议上。

2. Ethernet/IP 工业以太网

1998 年初,Control Net 国际组织开发了由 Control Net 和 Device Net 共享的、开放的和被广泛接受的应用层规范,上述两种网络都是基于以太网的。利用这种技术,CI 控制网络国际组织(Control Net International)、工业以太网协会和开放的 Device Net 供应商协会于 2000 年 3 月发表了 Ethernet/IP,打算将这个基于以太网的应用层协议作为工业自动化标准。

以太网协议是一种开放的工业网络标准,它支持显性和隐性报文,并且使用目前流行的商用以太网芯片和物理媒体。Ethernet/IP 网络使用有源星形拓扑结构,一组装置点对点地连接到交换机。星形拓扑的优点是支持 10Mbit/s 和 100Mbit/s 的产品,可以将 10Mbit/s 和 100Mbit/s 产品混合使用。星形拓扑接线简便,很容易查找故障,维护也简单等。

Ethernet/IP 是一种开放协议,它使用现有的成熟技术:IEEE 802.3 物理和数据链路协议;Ethernet TCP/IP 协议组;控制和信息协议(CIP),它提供实时的 I/O 报文和信息,以及对等层通信报文。

Ethernet/IP 成功之处在于其在 TCP/UDP/IP 之上附加了 CIP,提供一个公共的应用层,CIP 的控制部分用于实时 I/O 报文或隐性报文。CIP 的信息部分用于报文交换,也称作显示报文。Control Net、Device Net 和 Ethernet/IP 都使用该协议通信,三种网络分享相同的对象库,对象和装置行规(Device Profile)使得多个供应商的装置能在上述三种网络中实现即插即用。对象的定义是严格的,在同一种网络上支持实时报文、组态和诊断。Ethernet/IP 能够用于处理多达每个包 1500B 的大批量数据,它以可预报方式管理大批量数据。目前,以太网网络技术正在快速发展,成本在迅速下降,因而 Ethernet/IP 得到了越来越广泛的应用。

3. FFHSE 工业以太网

1998 年,美国现场总线基金会(Fieldbus Foundation,FF)决定采用高速以太网(HSE)技术开发 H2 现场总线,作为现场总线控制系统控制级以上通信网络的主干网,控制级以下仍使用解决了两线制供电的 H1 现场总线,从而构成了信息集成开放的体系结构。

现场级网络 H1 以 31.25kbit/s 速度工作,支持过程控制应用。HSE 网络遵循标准的以太网规范,并根据过程控制的需要适当增加了一些功能,但这些增加的功能可以在标准以太网结构框架内无缝地进行操作,因而 FFHSE 可以使用当前流行的商用(COTS)以太网设备。100Mbit/s 以太网拓扑采用交换机构成星形连接,这种交换机具有防火墙功能,以阻断特殊类型的信息出入网络。HSE 使用标准的 IEEE 802.3 信号传输、标准的以太网接线和通信媒体。设备与交换机之间的距离,使用双绞线为 100m,使用全双工光缆则可达 2000m。HSE 使用连接装置(Linking Device,LD)连接 H1 子系统。LD 履行网桥功能,它容许就地连在 H1 网络上的各现场设备完成点对点等通信。HSE 支持冗余通信,如果一条线路断开,则数据流将立即移至后备线路传送。采用冗余的交换机和连接装置可以实现网络的冗余与容错,HSE 上的任何设备都能作冗余配置。

FFHSE 通信系统协议规范已被国际电工委员会所接受,成为 IEC 61158 国际标准。FFHSE 的 1~4 层由现有的以太网、TCP/IP 和 IEEE 标准所定义,HSE 和 H1 使用同样的用户层,现场总线信息规范(FMS)在 H1 中定义了服务接口,现场设备访问代理(Field Device Access,FDA)为 HSE 提供接口。用户层规定功能模块、设备描述(DD)、功能文件(CF)以及系统管理(SM)。

FF 规范了 21 种功能模块供基本的和先进的过程控制使用,这些标准的功能模块驻留在连至 HSE 网络的现场设备中,仅需组态并予以连接。FF 还规定了新的柔性功能模块(FFB),用以进行复杂的批处理和混合控制应用。FFB 支持数据采集的监控、子系统接口、事件顺序、多路数据采集、PLC 和与其他协议通信的网间连接器。

HSE 工业以太网为连续的过程工业和断续的制造工业所需的连续实时控制提供了各种解决方案。它也为各类传感器、连续与断续自动控制系统、监控和批量系统、资源规划系统以及信息管理系统的集成提供了一种标准的协议。

4. Profi Net 工业以太网

过程现场总线国际组织 PNO(Profibus National Organization)于 2001 年 8 月发表的 Profi Net 规范是用于 Profibus 纵向集成的、开发的、一致的综合系统解决方案。Profi Net 将工厂自动化和企业信息管理较高层 IT 技术有机地融为一体,同时又完全保留了 Profibus 现有的开放性。Profi Net 特别重视有关保护投资的要求,以确保现有工厂的继续运行,同时还要求现有的系统可以集成已经安装的系统。

Profi Net 通信系统的系统方案支持开放的、面向对象的通信,这种通信建立在普遍使用的 Ethernet TCP/UDP/IP 基础上,优化的通信机制还可以满足实时通信的要求。基于对象应用的 DCOM 通信协议是通过该协议标准建立的。以对象的 PDU 形式表示的 Profi Net 组件根据对象协议交换其自动化数据。自动化对象(即 COM 对象)作为 DCOM 协议定义的形式出现在通信总线上。连接对象活动控制(Action Control of Connection Object,ACCO)确保了已组态的互相连接的设备件通信关系的建立和数据交换。传输本身是由事件控制的,ACCO也负责故障后的恢复,包括质量代码和时间标记的传输、连接的监视、连接丢失后的再建立以及相互连接性的测试和诊断。

Profi Net构成从I/O层直至协调管理层的基于组件的分布式自动化系统的体系结构方案,Profibus技术可以在整个系统中无缝地集成。Profibus可以通过代理服务器(Proxy Server)很容易地实现与其他现场总线系统的集成。在该方案中,通过代理服务器将通用的Profibus网络连接到工业以太网;通过以太网TCP/IP访问Profibus设备是由Proxy使用远方程序调用和Microsoft DCOM进行处理的。代理服务器是一种实现自动化对象功能的软件模块,该自动化对象既代表Profibus用户又代表工业以太网上的其他Profi Net用户。

Profi Net通信协议使用如下标准与技术:IEEE 802.1标准、Ethernet TCP/UDP/IP协议、特定的实时协议、COM/DCOM组件模型、对象模型、网络管理等技术。

Profi Net规范将现有的Profibus协议与微软的自动化对象模型COM/DCOM标准、TCP/IP通信协议以及工控软件互操作规范OPC技术等有机地结合成一体。Profi Net试图实现对所有的自动化装置都是透明的、面向对象的和全新的结构体系。

从以上不难得出,大的自动化系统公司都把工业以太网使用在控制级及其以上的各级,为了保护投资的利益,现场级仍然采用现有的现场总线,Modbus TCP/IP使用Modbus总线,Ethernet/IP使用Device Net和Control Net现场总线,FFHSE现场级使用FFH1现场总线,Proti Net则完全保留已有的profibus现场总线。这样一来,要使这些系统相互兼容需要走相当长的路。

互联网技术的成功之处在于使用了TCP/IP网络协议,该协议的特点是:开放的协议标准,并且独立于特定的计算机硬件与操作系统;独立于特定的网络硬件;统一的网络地址分配方案;标准化的高层协议,可以提供多种可靠的用户服务。

由于工业网络需要解决工业控制具体问题,因而需要增加用户层,所以说工业TCP/IP参考模型是8层结构。在TCP/IP参考模型中,主机-网络层是最低层,它负责通过网络发送和接收IP数据包,TCP/IP参考模型允许主机连入网络时使用多种现成的与流行的协议,充分体现了TCP/IP协议的兼容性与适应性。利用这种技术,各种协议的现场总线都可以接入TCP/IP网络。IP互联层相当于OSI模型的网络层的无连接网络服务,用来确定信息传输路线,为每个数据包提供独立的寻址能力;TCP传输层则负责无差错地传送数据包,一旦出错则能够实现重发和指示出错。

在TCP/IP参考模型中,应用层是最高层协议,它包括超级文本传输协议HTTP、文件传输协议FTP、简单网络管理协议SNMP等建立于IT技术的协议。对于工业以太网,在传输非实时数据时上述协议仍然适用。但是,工业以太网要用于工业控制,还必须在应用层解决实时通信、用于系统组态的对象和工程模型的应用协议。目前要建立一个统一的应用层和用户层标准协议还只是一个长远的目标。

近来,随着网络通信技术的进一步发展,用户的需求也日益迫切,国际上许多标准组织正在积极地工作以建立一个工业以太网的应用协议。工业自动化开放网络联盟(Industrial Automation Open Network Alliance,IAONA)协同开放式设备网络供应商协会(Open Device Net Vendor Association,ODVA)和分散自动化集团(Interface for Distributed

Automation,IDA)共同开展工作,并对推进基于 Ethernet TCP/IP 工业以太网的通信技术达成共识。由 IAONA 负责定义工业以太网公共的功能和互操作性,具体内容包括对于 IP 地址即插即用互操作的通用策略、装置描述和恢复机制;网络诊断的方案;指导使用 Web 技术;一致性测试以及定义一种应用接口,以消除各种协议间的差异。在各方面的共同努力下,不久的将来有很大概率会出现一个具有互操作性的工业以太网。

第五章

可编程控制器及其应用分析

第一节 概 述

可 编 程 控 制 器（Programmable Controller，PC）最 早 称 为 可 编 程 逻 辑 控 制 器
(Programmable Logic Controller，PLC)，为了与个人计算机的英文缩写 PC 相区别，通常用
PLC 表示。它是在继电器控制技术的基础上引入了微电子技术、计算机技术、自动控制技
术和通信技术而形成的一种新型工业自动控制设备，可以用来取代继电器，执行逻辑、计时、
计数等顺序控制功能，建立柔性的程控系统，目前被广泛应用于自动化控制的各个领域。

一、PLC 的产生与发展

从 20 世纪 20 年代到 60 年代末，生产设备的控制通常是由结构简单、操作方便、容易掌
握、价格便宜的继电器—接触器控制系统来实现的。继电器—接触器控制系统是把各种接
触器、定时器、继电器等电器及其触点按一定的逻辑关系连接起来组成的，这种系统虽然体
积大、能耗大、可靠性和通用性差，并且动作速度慢、维护量大，但是在一定程度上能满足控
制要求，因而在工业控制领域被广泛应用。20 世纪 60 年代，虽然工业控制领域开始应用计算
机技术，但由于机器价格昂贵，技术复杂且难以适应恶劣的工业环境等原因，计算机技术未能
在工业控制领域广泛应用。1969 年，美国数字设备公司（Digital Equipment Corporation，DEC)
根据市场需要研制出了一种新型工业控制器，型号为 PDP-14。这是世界上第一台可编程控
制器，在通用汽车公司（General Motors，GM）的汽车生产线上首次应用成功，取得了显著的
经济效益，开创了工业控制领域的新时代。它由分立元件和小规模集成电路组成，其中采用
了计算机技术，指令系统简单，具有执行逻辑判断、计时、计数等逻辑控制功能，是为取代继
电器—接触器控制系统而设计的。这种新型工业控制器被称为可编程逻辑控制器。

第 1 台 PLC 在汽车工业控制领域成功应用后，许多公司纷纷投入大量人力、物力研制

PLC。1969 年,美国歌德公司首先把 PLC 商品化;1971 年,日本从美国引进了这项新技术,研制出日本的第 1 台 PLC;1973 年,西德和法国也研制出自己的可编程控制器并在工业领域开始应用,德国西门子公司研制出欧洲第 1 台 PLC;1974 年,我国开始研制 PLC,1977 年开始工业应用。随着微电子技术的发展,大规模集成电路和通用微处理器广泛应用,使得 PLC 功能不断增强,不仅能够执行逻辑运算、定时、计数控制,而且增加了算术运算、数据处理、数据通信等功能。20 世纪 80 年代到 90 年代初期,16 位和 32 位微处理器被用于 PLC,使 PLC 开始向大规模、高速度、高性能和网络化方向发展,形成了多种系列化产品,结构紧凑、功能强大、性能价格比高的新一代产品和多种不同性能的分布式网络系统相继出现,形成了面向工程技术人员、易为工程技术人员掌握的图形语言。随着 PLC 的更新换代,其处理器的处理速度不断加快,功能不断增多,现已具有逻辑控制功能、过程控制功能、运动控制功能、闭环控制、数据采集和处理功能、联网通信功能,是名副其实的多功能控制器。目前,PLC 在国内外已广泛应用于采矿、钢铁、电力、石化、机械制造、汽车装配、轻纺等行业,被公认为现代工业自动化三大支柱(PLC、机器人、CAD/CAM)之一。

二、PLC 的特点及分类

1. PLC 的特点

(1)可靠性高,抗干扰能力强。在恶劣工作环境中能够保持高可靠性是 PLC 主要的特点,因为其在软件和硬件两方面都进行了完善的可靠性设计。软件方面除了采用数字滤波技术和数字校验等技术外,还设置了自检和故障诊断程序,并采用周期扫描工作方式和对输入/输出集中处理的工作方式,有效地提高了自身的抗干扰能力,保证系统能够可靠运行。硬件方面采用电磁屏蔽、光电隔离、硬件滤波和接地等技术,选用优质器件,简化安装,对印制电路板的设计、加工和焊接工艺严格要求。对模板和机箱进行完善的电磁兼容性设计,有效地减少空间干扰(如电磁波等)、通道干扰(如输入/输出线等)、电源干扰,降低环境温度、灰尘、有害气体的影响,避免震动冲击引起器件损坏。

(2)功能强大,扩展灵活方便。PLC 不仅具有基本的逻辑运算、定时、计数和顺序控制功能,还有网络通信、故障诊断与自检、数值处理、A/D 转换和 D/A 转换等能力。由于采用模块化设计,可以方便地扩展多种特殊功能模块,如触摸屏、高速计数、位置控制、运动控制等,可根据不同的需求方便地进行组合,构成满足各种控制要求的自动化系统。能够利用强大的网络通信功能,实现单机自动化、车间生产线自动化、工厂综合自动化,以及计算机集成制造系统、智能制造系统。

(3)编程简单,修改方便。PLC 大多采用梯形图进行编程,因梯形图符号及其含义与传统的电器控制电路相似,形象直观,易学易懂,一般的电工和工艺人员都可以在短时间内学会,使用起来得心应手。PLC 能够通过上位机用梯形图方便地修改程序,程序直接下装,使编程更容易、方便。

(4)体积小、质量小、功耗低。由于 PLC 及其特殊功能模块中广泛应用微电子技术,其结构紧凑、体积小、质量小、功耗低,使得系统安装、维护工作量大大降低。

2. PLC 的分类

PLC 的分类方法至今没有一个统一的标准,各档次之间也没有很严格的划分,常见分类方法有如下两种。

(1)按I/O点数和程序容量分类：这是常用的分类方法。PLC的I/O点数是指其具有的输入/输出端子总数,用来衡量PLC的控制规模。I/O点数越多,从外部接收的输入信号和向外部发出的输出信号也就越多,用户程序存储器容量也越大,指令系统功能越完善,适用的控制系统越复杂。按I/O点数一般可分为小型机、中型机和大型机3种。

①小型机,通常是指I/O点数在128点以下的PLC,用户程序存储器容量在4KB以下,以开关量控制为主,具有逻辑运算、定时、计数等功能,采用手动编程或计算机编程,可用于条件控制、定时和计数控制、顺序控制等。一般情况下,小型机配有与各种功能模块、打印机和计算机通信的接口,可增加模拟量处理和算术运算功能。小型机采用整体式结构,体积小,适合于控制单台设备和开发机电一体化产品。因其价格低廉,是PLC中使用量最大且使用面较广的产品。常见的小型机有三菱公司的F1-60、欧姆龙公司的C60H等。

②中型机,通常是指I/O点数在128~512点的PLC,是在小型机的基础上增强了模拟量处理能力、算术运算能力和网络通信能力的产品。中型机多采用模块式结构,功能强大,配置灵活,指令丰富,适用于既有开关量又有模拟量的较为复杂的控制。常见的中型机有三菱公司的A系列、欧姆龙公司的C1000H等。

③大型机,通常是指I/O点数在512点以上的PLC,用户程序存储器容量达4~16KB,具有基本的数据运算、控制、联网通信、监视、记录打印等功能,能进行中断控制、智能控制、远程控制,进行PID调节、整数/浮点数运算和二进制/十进制转换运算等,功能完善,其性能与工业控制计算机相当。大型机采用模块式结构或分散式结构,I/O点数特别多,用于大规模的过程控制时,可构成分散控制系统或整个工厂的自动化网络,适用于设备自动化控制、大规模过程控制、集中分散式控制等管理和控制一体化的高度自动化场合。常见的大型PLC有西门子公司的SU-135、莫迪康的984A和984B等系列产品。

(2)按结构形式分类：PLC可分为整体式和模块式两种。

①整体式PLC,是将其基本组成部件CPU板、存储器板、输入板、输出板、电源板等紧凑地集中装配成为一个整体,组成PLC的一个基本单元(主机)或扩展单元。基本单元上设有扩展端口,通过扩展电缆与扩展单元相连。扩展单元包括许多功能模块,可方便构成不同配置,如高速计数模块、A/D转换模块、D/A转换模块、热电偶模块、热电阻模块、通信模块等。其优点是结构紧凑、价格低、体积小和重量轻;缺点是I/O点数固定,维修不便。小型PLC一般采用这种结构形式,主要用于工业生产中的单机控制。

②模块式PLC,是将各组成部分按模块分开设计,形成各自独立的单元,采用标准化的宽度、高度和长度尺寸,如CPU主控模块、A/D转换模块、D/A转换模块、电源模块、存储器模块、高速计数模块和各种其他特殊功能模块等。其优点是可根据控制系统的需要灵活配置,安装方便,扩展容易,维修简单;缺点是体积大。大中型PLC均采用这种结构。

三、PLC的组成

PLC是以继电器—接触器控制为基础,以微处理器为核心,综合计算机技术、自动控制技术和现代通信技术,针对工业应用环境专门设计的新型控制器,其实质是工业控制专用计算机。PLC的硬件结构与计算机相似,主要包括CPU、RAM、ROM和I/O接口电路等,内部采用总线结构进行数据和指令的传输。外部的各种输入信号经输入电路输入，PLC根据控制程序进行运算处理后送到输出电路输出，实现各种控制功能，这是与继电器控制的最大区别。PLC的硬件结构主要由中央处理单元、存储器模块、专门设计的输入/输出接口、电源模块、编程器、通信接口等组成。

1. 中央处理单元(CPU)

CPU是PLC的核心部件，在PLC系统中的作用类似于人体的中枢神经，是PLC的运算控制中心，用来实现逻辑运算、算术运算，并对整机进行协调控制。主要功能有：在编程时接受并存储从编程器输入或从计算送来的用户程序和数据，利用编程器或管理计算机对程序、数据进行修改、更新。进入运行状态后，CPU以扫描方式接收用户现场输入装置的状态和数据并存入输入状态表和数据寄存器中，形成所谓现场输入的"内存映像"；再从存储器逐条读取用户程序，经命令解释后，按指令规定的功能产生有关控制信号，开启或关闭相应的控制门电路，分时分路地进行数据的存取、传送、组合、比较、变换等操作，完成用户程序中规定的各种逻辑或算术运算任务，根据运算结果更新有关标志位的状态和输出映像寄存器的内容，再根据输出状态表的位状态或数据寄存器的有关内容实现输出控制、数据通信等功能。在每个工作循环中要对PLC进行自我诊断，若无故障则继续进行工作，否则保持现场状态，关闭全部输出通道后停止运行，等待处理，避免故障扩散造成更大的事故。

PLC中的CPU模块随机型不同而有所不同，常见的3种类型为：通用微处理器（如Z80、8086、80286、80386等），单片微处理器芯片（如8031、8096等），位片式微处理器（如AM2900、AM2901、AM2903等）。小型PLC大多采用8位通用微处理器和单片微处理器芯片；中型PLC大多采用16位通用微处理器或单片微处理器芯片；大型PLC大多采用高速位片式微处理器。有的机型中还采用多处理器结构，分别承担不同信息的处理工作，以提高实时控制能力。

2. 存储器模块

PLC中的存储器有2种：只读存储器（也称为系统程序存储器）ROM、可编程只读存储器PROM、可擦写可编程只读存储器EPROM或电可擦除可编程只读存储器EEPROM；可读写存储器（也称为随机存储器或用户存储器）RAM。PLC生产厂家编写的系统程序（主要包括自诊断程序和监控程序）固化在只读存储器中，用户不能更改。用户程序存放在随机存储器RAM中。用户程序是使用者根据PLC应用系统的控制要求编写的符合PLC语法规则的一组控制程序。PLC用户存储器中有一个用户数据存储区，用来存放针对具体控制任务编写的各种用户程序，并存储反映PLC内部资源的各种逻辑变量。如输入接点映像寄存器、输出接点映像寄存器、内部软继电器、定时器、计数器、数据寄存器等。其内容可以由用户任意修改或增删。用户程序存储器容量的大小关系到用户编程的规模，是反映PLC性能的一项重要指标。用户程序存储器采用高效、价廉的CMOS RAM存储器，易于读写，便于随时修改用户程序。当PLC断电时，为使用户存储器中的用户程序及相关信息不至于丢失，PLC内配置了锂电池。锂电池在PLC断电时，不断刷新RAM，以保留RAM中的用户程序及其他相关信息。现已有许多PLC产品直接采用EEPROM作为用户存储器。

(1)随机存储器RAM：用户可以通过编程装置读出RAM中的内容，也可将信息写入RAM中，因此称为可读写存储器。RAM的工作速度高，价格便宜，读写方便，但RAM是易失性存储器,电源断开后,它内部存储的信息会丢失。为避免数据丢失,可设置系统在PLC的外部电源断开时,用锂电池或大电容器保存 RAM 中的信息。锂电池可用 2~5 年,需要更换锂电池时,由 PLC 发出信号通知用户。现在多数 PLC 已不用锂电池来完成断电保持功能了。

(2)光擦除可编程只读存储器 EPROM:用户可以使用紫外光擦除 EPROM 中的信息,可以在 25 V 直流电压下通过专用写入器把信息写入 EPROM 中,也可以通过编程装置读出 EPROM 中的信息。正常使用时,EPROM 写入端子悬空或接 5 V 直流电压。窗口盖上不透光的薄箔,内部的信息可以长期保存。EPROM 是非易失性存储器,在电源断开后,它内部存储的信息仍能保存。EPROM 一般用来存放完善的程序和系统程序,不适宜多次反复擦写。

(3)电擦除可编程只读存储器 EEPROM:用户可以使用电信号擦除 EEPROM 中的信息,可以使用电信号把信息写入 EEPROM 中,写入速度比 EPROM 快,且不需要使用专用写入器,也可以通过编程装置读出 EPROM 中的信息。EEPROM 是非易失性存储器,在电源断开后,它内部存储的信息仍能保存。EEPROM 兼有 EPROM 的非易失性和 RAM 的随机存取性,但是信息写入速度比 RAM 慢得多,保存信息的可靠性比 EPROM 差。EEPROM 一般用来存放用户程序和需要长期保存的重要数据。

3. 输入单元

PLC 的输入单元包括输入部件和输入接口电路。输入部件用于检测生产过程中的各种开关量、数字量或模拟量等,如限位开关、操作按钮、选择开关、行程开关以及其他传感器的输出信号。输入接口电路用于现场输入信号与 CPU 之间的连接和信号转换。一般是通过光电隔离和滤波把 PLC 和外部电路隔开,以提高 PLC 的抗干扰能力。PLC 的输入模块一般有 3 种类型:直流 12~24V 输入;交流 100~120V、200~240V 输入;交/直流输入,输入电流为毫安级。3 种输入模块的结构基本相同。FX2N 可以用 CPU 模块提供的 24V 直流电源作为输入回路的内部电源,还可为接近开关、光电开关之类的传感器提供 24V 直流电源。

输入信号包括数字量和模拟量 2 种类型。PLC 的输入信号可为直流信号或交流信号,故数字量输入接口电路分为直流输入型和交流输入型 2 种。直流输入型数字量输入接口电路中 COM 是输入信号的公共点。输入信号经电阻 R_1、R_2 分压后与光电耦合器输入匹配。现场开关闭合(ON)时,光电耦合器中的光电二极管有电流而发光,光敏三极管由截止进入饱和导通状态,当 PLC 系统程序扫描检测到该信号后获得输入为"1"的信号。按钮开关 S 接通时,光电耦合器导通,同时装在 PLC 面板上的输入指示灯(发光二极管)点亮,说明该输入端有信号输入,为用户监视和维护系统运行提供了方便。其中直流电源可由外部供给,也可为 PLC 内部提供。

交流输入型数字量输入接口电路中的交流电源由外部供给。其工作原理与直流输入电路基本相同,只是采用 RC 电路实现光耦合器的输入匹配。模拟量输入接口单元是把现场连续变化的模拟量标准信号,转换为 PLC 能够处理的由若干位表示的数字量信号。模拟量输入接口又称为 A/D 转换输入接口。在工业生产过程中,诸如温度、压力、流量、液位等连续变化的物理量,经过传感器变换为相应的 4~20mA(或 1~5V、−10~10V、0~10V)的模拟量标准电流(电压)信号,模拟量输入接口单元接收模拟量信号后,经过滤波、A/D 转换、光耦隔离,把它转换成二进制数字量信号,送给 CPU 进行处理。根据 A/D 转换的分辨率不同,模拟量输入接口单元能提供 8 位、10 位、12 位或 16 位等不同精度的数字量信号。

4. 输出单元

PLC 的输出单元包括输出部件和输出接口电路。输出部件用于控制或驱动负载,如继电器线圈、接触器线圈、电磁阀线圈、信号指示灯等。输出接口电路用于 CPU 与现场输出部分之间的连接和信号转换。输出信号包括开关量和模拟量两种,故输出接口电路也分为开关量和模拟量两种。PLC 的输出信号可以是直流信号或交流信号,数字量输出接口电路分为继电器输出型、晶体管输出型和晶闸管输出型 3 种。每种输出接口电路都采用电气隔离形式,输出部件的工作电源由外部提供。

继电器输出电路既起信号隔离作用,又起功率放大作用,用于控制或驱动交/直流负载。当 CPU 有输出时,接通输出电路中继电器的线圈,继电器的触点闭合,通过该触点控制外部负载电路的接通。与触点并联的 RC 电路用来消除触点断开时产生的电弧。该电路的特点是响应速度最慢,输出部件工作电压在 250V 以下,电流为每点 2A。

晶体管输出电路一般用于控制或驱动直流负载。输出信号经内部电路送至光耦合器,再由光耦合器送至晶体管,晶体管的饱和导通和截止状态相当于触点的接通和断开。该电路的特点是响应速度最快,输出部件工作电压在 48V 以下,电流为每点 0.75A。

晶闸管输出电路一般用于控制或驱动交流负载,其 RC 电路用来抑制关断时的过电压和外部的浪涌电压,以保护晶闸管。该电路的响应速度界于前两者之间,输出部件工作电压在 250V 以下,电流为每点 1A。

继电器型输出模块承受过电压和过电流的能力较强,但响应速度较慢;晶体管型与晶闸管型输出模块寿命长,反应速度快,但过载能力稍差。

5. 电源模块

PLC 的电源将交流电源经整流、滤波、稳压后变换成供 CPU、存储器等工作所需的直流电源。PLC 的电源一般采用开关型稳压电源,其特点是输入电压范围宽、体积小、重量轻、效率高、抗干扰性能力强。PLC 的外部工作电源一般为单相工频 85～260V 的交流电源,也有采用 24～26V 直流电源的。外部工作电源为单相交流电源的 PLC,其内部开关电源为 PLC 的 CPU、存储器等电路提供 5V、12V、24V 等直流电源,使 PLC 能正常工作。

电源部分所处的位置各不相同,对于整体式结构的 PLC,通常将电源封装到机壳内部;对于模块式 PLC,有的采用单独电源模块,有的将电源与 CPU 封装到一个模块中。

6. 编程器

编程器是 PLC 的一个附件,通过接口与 PLC 的 CPU 联系,完成人机对话。用于向 PLC 的用户存储器写入或读出用户程序,也可以对用户程序进行修改或编辑。PLC 运行时,可通过编程器测试、监控 PLC 的输入/输出接点及其他内部资源的状态。编程器通常由 PLC 的生产厂家提供,不同厂家的编程器一般不兼容。

编程器分简易型、智能型和计算机型 3 类。简易型编程器一般由简易键盘和发光二极管阵列或其他显示器组成,体积小,价格便宜,只能联机编程,且往往需要将梯形图转化为语句表后才能输入 PLC。因其携带方便,常用于现场调试和修改程序。智能型编程器又称图形编程器,一般由 CPU、存储器、键盘、显示器(LCD 或 CRT)及总线接口组成,它可以联机编程,也可以脱机编程,可以直接输入梯形图和通过屏幕对话,但价格昂贵。计算机型编程器是利用生产厂家配备的编程软件,可以把计算机作为编程器。它能在屏幕上直接输入和编辑用户程序,并且可以实现梯形图、语句表、功能块图等不同编程语言间的相互转换。用户程序编译后可以下载到 PLC,也可以将 PLC 中的用户程序上传到计算机。用户程序可以存盘或打印,通过网络,还可以实现远程编程和传送。现在许多 PLC 生产商已经不再提供专用的编程器,而只提供编程软件和相应的通信连接电缆。这种方式可以充分利用个人计算机的资源,实现智能图形编程器的功能。

7. 通信接口

通信接口是专门用于数据通信的一种智能模版。为了实现"人—机"或"机—机"之间的对话,PLC 配有多种通信接口,可以与监视器、打印机和其他 PLC 或上位计算机相连接。通信接口一般分为通用接口和专用接口两种。通用接口是指标准通用的接口,如 RS-232、RS-422、RS-485 等。专用接口是指各 PLC 厂家专有的自成标准和系列的接口。如罗克韦尔自动化公司的增强型数据高速通道接口(DH+)和远程 I/O(RI/O)接口等。

当 PLC 与打印机相连时,可将过程信息、系统参数等输出打印;当 PLC 与监视器(CRT)相连时,可将过程图像显示出来;当 PLC 与其他 PLC 相连时,可以组成多机系统或局部网络,实现更大规模的控制;当 PLC 与上位计算机相连时,可以组成多级分布式控制系统,或实现控制与管理相结合的综合控制。

四、PLC 工作原理

1. PLC 的工作流程

PLC 的工作原理既不同于通用计算机,也不同于继电器控制系统。PLC 与继电器—接触器控制电路一样,具有输入电路、控制环节和输出电路 3 部分;但 PLC 的控制环节是由 CPU、存储器及存储的用户程序实现的。对继电器—接触器控制系统而言,继电器的线圈通电或断电,会使其所有触点立即动作,控制系统根据输入条件的变化而改变输出状态。PLC 采用循环扫描的工作方式。所谓扫描就是依次对各种规定的操作项目进行访问和处理。PLC 运行时,用户程序中可能有许多操作需要执行,但 CPU 每一时刻只能执行一个操作而不能同时执行多个操作,因此,CPU 按程序规定的顺序依次执行各个操作。这种当需要处理多个作业时依次按顺序处理的工作方式,称为扫描工作方式。这种扫描是周而复始无限循环的,每扫描一次所用的时间称为扫描周期。每个周期都要经过内部处理、通信处理、输入采样、程序执行和输出刷新 5 个阶段。在内部处理阶段,PLC 检查 CPU 模块内部硬件是否正常,监视定时器复位以及完成其他内部处理。在通信处理阶段,PLC 完成与智能模块或外部设备的通信,完成数据的接收和发送任务。当 PLC 处于运行状态时,要完成 5 个阶段的全部工作。当 PLC 处于停止(STOP)状态时,只完成内部处理和通信处理工作。PLC 在扫描周期内统一采样所有的输入端状态,然后扫描执行用户程序,最后在用户程序扫描结束后统一刷新输出端状态。由于 CPU 的运算处理速度很快,从而使得 PLC 外部出现的结果从宏观上看似乎是同时完成的。

2. PLC 的扫描过程

在运行状态下,PLC 的工作流程主要包括内部处理、通信处理、输入采样、程序执行和输出刷新 5 个阶段。

（1）内部处理阶段：包括 PLC 自检、对警戒时钟（Watch Dog Timer，WDT）清零等。CPU 检测 PLC 各器件的状态，如出现异常再进行诊断。并给出故障信号，或自行处理，这样有助于及时发现或提前预报系统的故障，提高系统的可靠性。WDT 是在 PLC 内部设置的一个硬件时钟，用于监视 PLC 的扫描周期。WDT 预先设定好时间，每个扫描周期都要监视扫描时间是否超过规定值。如果程序运行正常，在每个扫描周期的公共处理阶段对 WDT 进行清零（复位）。如果程序在执行过程中进入死循环，或执行了非预定的程序，WDT 不能及时清零而造成超时溢出，则给出报警信号或停止 PLC 工作。

（2）通信处理阶段：在 CPU 对 PLC 自检、对 WDT 清零结束后，PLC 检查是否有与编程器、智能模块或上位机等的通信请求，如果没有，则自动进入下一循环周期。

（3）输入采样阶段：在此阶段，PLC 按顺序逐个采集所有输入端子上的信号，而不论输入端子上是否接线。CPU 将顺序读取的全部输入信号写入输入映像寄存器中。只有在采样刷新时刻，输入映像寄存器中的内容才与输入信号一致，其他时间范围内无论输入接点状态如何变化，输入映像寄存器的内容保持不变，直到下一个扫描周期的输入处理阶段，才读入输入接点的新状态。这种采集输入信号的方式，虽然每个信号被采集的时间有先后，但因 PLC 的扫描周期很短，其时差在一般工程应用中可忽略，故认为输入信息的采集是同时完成的，输入采样阶段是一个集中批处理过程。另外，PLC 的扫描周期一般只有十几毫秒，采样间隔很短，对开关量而言，可忽略间断采样引起的误差，即认为输入信号一旦变化，能立即进入输入映像寄存器内。

（4）程序执行阶段：在执行阶段，CPU 对用户程序按顺序进行扫描，扫描顺序总是从上到下，从左至右。并分别从输入映像寄存器、输出映像寄存器及其他寄存器中获得所需的数据并进行处理，再将程序执行结果写入有关的元件寄存器中保存。每扫描到一条指令，所需输入信息均从输入映像寄存器中读取，其他信息从元件映像寄存器中读取。若遇到程序跳转指令，按跳转条件决定程序跳转地址。在执行用户程序过程中，每一次运算的中间结果都立即写入元件映像寄存器中，这样该元件的状态立即被后面将要扫描到的指令利用。所有要输出的状态并不立即驱动外部负载，而是将其写入输出映像寄存器中，待输出刷新阶段集中进行批处理，即执行用户程序阶段也是集中批处理过程。在这一阶段，除输入映像寄存器外，其他元件映像寄存器的内容随程序的执行而不断变化。

（5）输出刷新阶段：当 CPU 对全部用户程序扫描结束后，将元件映像寄存器中所有输出映像继电器的状态同时送到输出锁存器中，再通过信号隔离电路驱动功率放大电路，由输出端子向外部输出控制信号，驱动负载。输出刷新阶段也是集中批处理过程。

在输出刷新阶段结束后，CPU 进入下一个扫描周期，周而复始，直至 PLC 停机或切换到 STOP 工作状态。PLC 循环扫描工作方式的优点是避免了继电器—接触器控制系统中触点竞争和时序失配，使 PLC 可靠性高、抗干扰能力强，但是又导致输出对输入在时间上的滞后，降低了系统的响应速度。对于一般的工业设备，响应滞后是允许的；对于某些需要 I/O 快速响应的设备则应采取相应措施，如在硬件设计上采用快速响应模块、高速计数模块等，以满足设备使用要求。

第二节　FX2N 系列 PLC 的指令系统及其编程方法

一、PLC 编程元件

PLC 的编程语言因厂家不同而不同,到目前为止还没有一个通用的编程语言,但是与一般计算机语言相比,具有明显的特点。它既不同于高级语言,也不同于一般的汇编语言,它既要满足易于编写,又要满足易于调试的要求。PLC 的基本指令系统的基础是支持该机型编程语言的软元件,一般称为继电器、定时器、计数器等,但它们与真实元件有很大的差别,一般称它们为"软继电器"。这些编程用的继电器,它的工作线圈没有工作电压等级和电磁惯性等问题,功耗大小、触点数量没有限制,没有机械磨损和电蚀等问题。在不同的指令操作下,其工作状态可以无记忆,也可以有记忆,还可以作脉冲数字元件使用。一般情况下,X 表示输入继电器,Y 表示输出继电器,M 表示辅助继电器,SPM 表示专用辅助继电器,T 表示定时器,C 表示计数器,S 表示状态继电器,D 表示数据寄存器,MOV 表示传输等。下面介绍三菱 FX2N 系列 PLC 的编程元件及指令系统。

1. 输入继电器(X)和输出继电器(Y)

输入继电器专门接收外部敏感元件或开关的信号,是用光电隔离的电子继电器,与 PLC 的输入端子相连,可提供许多(无限制)动合/动断触点(也称接点),供编程时使用。其编号与接线端子编号一致,线圈的吸合或释放只取决于 PLC 外部触点的状态。编程时要特别注意,输入继电器只能由外部信号驱动,不能由程序内部的指令来驱动,其触点也不能直接输出带动负载。

输出继电器将输出信号传递给外部负载,线圈由程序控制,外部输出主触点接到 PLC 的输出端子上供外部负载使用,其余动合/动断触点供内部程序使用。外部信号无法直接驱动输出继电器,只能在程序内部用指令驱动输出继电器。根据负载类型和用户要求,输出继电器有 3 种类型,即继电器输出、晶闸管输出和晶体管输出。输出继电器由程序执行结果所激励,只有一对触点输出,直接带动负载。触点状态对应于输出刷新阶段锁存电路的输出状态。输出继电器能提供无数对供编程使用的内部动合/动断触点,内部使用的动合/动断触点对应输出元件映像寄存器中该元件的状态。

输入继电器和输出继电器的编号均为八进制的地址,即 X000~X007,X010~X017,X020~X027,Y000~Y007,Y010~Y017,Y020~Y027。其他编程元件采用十进制编号,如 M0~M499,S0~S499,T0~T249,C0~C99,D0~D199。

2. 辅助继电器(M)

辅助继电器和输出继电器一样,是 PLC 内部的继电器,它与外界没有任何联系,不能直接接收外部的输入,也不能直接驱动外部负载,只能由程序驱动,故也称中间继电器。但是它的电子常开/动断触点使用次数不受限制。辅助继电器通常分为 3 种,即通用型、断电保持型和特殊型。

(1)通用型辅助继电器：如果在 PLC 运行时电源突然中断，通用型辅助继电器 M0～M499 将全部断电。若电源再次接通，除因外部输入信号而接通外，其余的仍将保持断电。

(2)断电保持型辅助继电器：在控制系统中，有时要求保持断电瞬间状态，具有这种功能的继电器称为断电保持型辅助继电器，包括 M500～M1023 共 524 点。这种继电器是由 PLC 内装锂电池支持的，可利用断电保护型辅助继电器来存储需要断电保护的数据和运行状态。

(3)特殊辅助继电器：PLC 内部共有 256 个具有特定功能的特殊辅助继电器，即 M8000～M8255，如 M8000 为运行监控用，PLC 运行时 M8000 接通，M8002 为仅在运行开始瞬间接通的初始脉冲特殊辅助继电器。特殊辅助继电器按用途不同可分为触点型和线圈驱动型 2 种，用来表示 PLC 的某些状态，设定 PLC 的运行方式，或用于步进顺控、禁止中断、设定计数器（加计数或减计数）等。

①只能利用其触点的特殊辅助继电器：线圈由 PLC 自动驱动，用户只可以利用其触点。例如，M8000（运行监控器），PLC 运行即执行用户程序时 M8000 接通。M8002（初始化脉冲）仅在运行开始瞬间接通，接通时间为 1 个扫描周期，可以利用 M8002 的动合触点来使有断电保持功能的元件初始化复位。M8011～M8014 分别是产生 10ms、100ms、1s 和 1min 时钟脉冲的特殊辅助继电器。

②可驱动线圈型特殊辅助继电器：用户激励线圈后，PLC 做特定动作。例如，M8030 的线圈通电时，电池电压降低的发光二极管熄灭。M8033 为 PLC 停止工作时，使输出保持的特殊辅助继电器。M8033 的线圈通电时，PLC 由 RUN（运行）进入 STOP 状态后，映像寄存器与数据存储器的内容保持不变。M8034 的线圈通电时，可以禁止全部输出。M8039 为定时扫描控制用的特殊辅助继电器。

需要说明的是，未定义的特殊辅助继电器不可在用户程序中使用，辅助继电器一般采用十进制编码方式。

3. 状态寄存器（S）

状态寄存器是构成状态转移图和编程顺序控制程序的重要元件，它与步进顺控指令配合使用。其常开和动断触点在 PLC 内可以自由使用，且使用次数不限。不用步进顺控指令时，状态存储器 S 可以作为辅助继电器在程序中使用。其中，S0～S9 这 10 点为初始状态寄存器，S10～S19 这 10 点为返回状态寄存器，S20～S499 这 480 个点为普通用途状态寄存器，S500～S899 这 400 点为停电保持状态寄存器，S900～S999 这 100 点为报警状态寄存器。

4. 定时器（T）

定时器对 PLC 内的 1ms、10ms、100ms 等时钟脉冲进行加法计算，达到设定值时，输出触点动作。FX2N 系列 PLC 内部定时器通道范围为：T0～T199 为 100ms 定时器，共 200 点，设定值为 0.1～3276.7s；T200～T245 为 10ms 定时器，共 46 点，设定值为 0.01～327.67s；T246～T249 为 1ms 积算式定时器，共 4 点，设定值为 0.001～32.767s；T250～T255 为 100ms 积算式定时器，共 6 点，设定值为 0.1～3276.7s。

用户程序存储器内的常数 K 和数据寄存器的内容可作为定时器设定值。对于后一种情况，一般使用有断电保护功能的数据寄存器。即使如此，若备用电池电压降低时，定时器或计数器往往会发生误动作。

5. 计数器(C)

计数器分为低速计数器和高速计数器。机内组件信号的频率低于扫描频率,低速计数器是对机内组件的信号进行计数;机外信号的频率高于扫描频率,高速计数器是对机外信号进行计数。

6. 数据寄存器(D)

数据寄存器是存储数据的软元件,用于存放各种数据。特别是在进行输入/输出处理、模拟量控制、位置控制时,需要大量数据寄存器存储数据和参数。FX2N 可编程控制器的数据寄存器都是 16 位(最高位为符号位),将 2 个寄存器组合可进行 32 位(最高位为符号位)的数值处理。数据寄存器的地址号以十进制分配。

7. 常数(K)

在 PLC 所用的各种数值中,K 表示十进制整数值,N 表示十六进制数值。它们用作定时器与计时器的设定值与当前值,或功能指令的操作数。

8. 指针(P 或 I)

指针用于分支与中断。分支指针(P)指定 FNC00(CJ)条件跳转 FNC01(CALL)子程序的挑战目标。中断指针(I)指定输入中断、定时器中断与计数器中断的中断程序。指针 P 和 I 地址号以十进制分配。

二、PLC 的编程语言与开发环境

1. PLC 的编程语言

PLC 程序是设计人员根据控制系统的控制要求,通过 PLC 编程语言的编制设计的。根据国际电工委员会制定的工业控制编程语言标准(IEC 1131-3),PLC 的编程语言包括以下 5 种:梯形图语言(LD)、指令表语言(IL)、功能模块图语言(FBD)、顺序功能流程图语言(SFC)及结构化文本语言(ST)。

(1)梯形图语言(LD):是 PLC 程序设计中最常用的编程语言。它是与继电器线路类似的一种编程语言。由于电气设计人员对继电器控制较为熟悉,因此,梯形图编程语言得到了广泛的应用。

梯形图编程语言的特点是:与电气操作原理图相对应,具有直观性和对应性;与原有继电器控制相一致,电气设计人员易于掌握。

(2)指令表语言(IL):是与汇编语言类似的一种助记符编程语言,和汇编语言一样由操作码和操作数组成。在无计算机的情况下,适合采用 PLC 手持编程器对用户程序进行编制。同时,指令表编程语言与梯形图编程语言一一对应,PLC 编程软件下可以相互转换。

(3)功能模块图语言(FBD):是与数字逻辑电路类似的一种 PLC 编程语言。它采用功能模块图的形式来表示模块所具有的功能,不同的功能模块有不同的功能。

(4)顺序功能流程图语言(SFC):是为了满足顺序逻辑控制而设计的编程语言。编程时将顺序流程动作的过程分成步和转换条件,根据转换条件对控制系统的功能流程顺序进行分配,一步一步地按照顺序动作。它常用于系统的规模较大、程序关系较复杂的场合。

(5)结构化文本语言(ST):是用结构化的描述文本来描述程序的一种编程语言。它是类似于高级语言的一种编程语言。在大中型 PLC 系统中,常采用结构化文本语言来描述控制系统中各个变量的关系,主要用于其他编程语言较难实现的用户程序编制。

2．PLC 的开发环境

欧姆龙的 PLC 程序是在 CX-Programmer 软件开发环境中设计的。CX-Programmer 是一个用于对 OMRONCS1 系列 PLC、CV 系列 PLC 以及 C 系列 PLC 建立、测试和维护程序的工具。它是一个支持 PLC 设备和地址信息、OMRONPLC 和这些 PLC 支持的网络设备进行通信的方便工具。

三、PLC 设计的基本原则和基本内容

1．PLC 设计的基本原则

(1)最大限度地满足被控对象的控制要求。设计前,应深入现场进行调查研究,搜集资料,并结合机械、电气设备拟定控制方案。

(2)在满足控制要求的前提下,力求使控制系统简单、经济,使用及维修方便。

(3)保证控制系统的安全、可靠。

(4)考虑到生产的发展和工艺的改进,在选择 PLC 容量时,应适当留有余量。

2．PLC 设计的基本内容

(1)选择用户输入设备(控制按钮、文本显示器、传感器等)、输出设备(继电器、接触器等执行元件)以及由输出设备驱动的控制对象(电磁阀、电机等)。

(2)正确选择 PLC,包括机型的选择、容量的选择、I/O 模块的选择以及电源模块的选择等。

(3)分配 I/O 点,绘制 I/O 连接图。

(4)设计控制程序,主要包括设计 PLC 梯形图和控制系统流程图。控制程序是控制整个系统工作的条件,是保证系统工作正常、安全、可靠的关键。程序设计必须经过反复调试、修改,直到满足要求为止。

(5)编制控制系统的技术文件,包括说明书、程序注释及电器元件明细表等。

四、PLC 程序的资源分配

编写 PLC 程序,首先要针对实际需求精确地计算被控对象所需的资源,使其能最大限度地满足被控对象的控制要求,因此,对 PLC 程序的资源分配是设计前期的重点。

资源分配包括:I/O 点的分配和内部存储器的分配。分配应根据实际控制状态,并参考 I/O 点和内部存储器的性质和特点。

五、PLC 程序的控制模式

根据控制系统的实际需要,为了方便设计调试,均需要对生产线上所有工位的设备进行自动、半自动和手动三种控制操作,因此,PLC 程序也对应自动、半自动和手动三种控制模式。

1. 自动模式

当整个生产线处于自动运行状态时,PLC 进入自动模式,此时,PLC 全自动程序受远程主控 PC 程序触发而循环运行,连续完成控制动作,不受文本显示器控制。

2. 半自动模式

当生产线处于出错或调试状态时,PLC 程序可进入半自动模式,此时,PLC 半自动动作受文本显示器控制完成控制动作。

3. 手动模式

当生产线处于出错或调试状态时,PLC 程序可进入手动模式,此时,PLC 手动动作受文本显示器控制完成控制动作。

六、PLC 程序的程序思路

在自动控制模式下,所有执行动作受主控 PC 命令循环触发执行,并向主控 PC 反馈实时动作状态。当执行设备发生动作错误时,PLC 会立即停机,并向主控 PC 反馈错误信息,提示出错元件的位置。如何让 PLC 判断动作是否出错是必须探讨的问题。从实际生产情况来看,与动作是否错误直接相关的就是该动作执行时间的长短。假如 PLC 能检测到该动作在某时刻执行的时间比正常情况下长得多,那么就可以判断出该动作在此时刻速度过于缓慢甚至是完全停止的;同样,假如 PLC 能检测到该动作在某时刻执行的时间比正常情况下短得多,那么就可以判断出该动作在此时刻速度过于迅速(这也对设备不利)。因此,PLC 对实时工作状态的侦测可集中在该动作是否在正常的执行时间范围内,假如动作执行速度过慢(甚至停止)或者过快,就可视为生产中的错误状态。

执行动作的时间可以通过动作设备的起始位置检测,而起始位置是由传感器定位的。所以,当执行动作开始进行时,PLC 内部可以启动一个记录该动作的计时器,当动作完成达到结束位置时,传感器向 PLC 给出完成信号,使 PLC 停止计时。此时,将记录的时间与预先保存的正常时间范围进行比较。如果在动作正常时间范围内,则认为动作正常完成,否则,为动作出错。

在后面的叙述中,将动作的正常时间范围称为执行时间参数,它以表的形式存储在主控 PC 的数据库模块内。

七、PLC 程序的程序结构

不同工位的 PLC 程序是不相同的。但是对于 PLC 程序的结构来说,所有工位的程序结构是完全一致的,其主要差别在于机床设备的控制程序上。因此,针对不同的设备和不同的控制模式,PLC程序可划分为以下几个部分。

1.指令分析部分

指令分析部分,是PLC程序的总纲。它负责初始化部分DM区(即Data Memory数据存储区),设置控制模式,同时它也是所有子程序的入口。当PLC程序启动时,首先进入指令分析部分。

2.机械手自动部分

机械手自动部分包括抓动作、放动作、复位、自检和出错停止。

(1)抓动作。通过机械手抓动作流程可知,机械手抓分为连续的四个动作:下降、夹紧、上升和右移。其中,每个动作对应于PLC程序中的一个步程序(STEP)。步程序是PLC程序中执行动作的最小单元,它顺序执行,该步执行完毕后直接跳入下一个步程序,直到机械手抓动作程序结束。因此,机械手抓动作由四个步程序顺序构成。

①下降:机械手垂直缸从上升限位运动至下降限位。上升限位由垂直缸最高点的霍尔传感器决定,下降限位由垂直缸最低点的霍尔传感器决定。首先,步程序载入该动作执行时间参数,并清除动作完成标志位,然后驱动垂直缸从上升限位开始向下运动,当运动至下降限位时,霍尔传感器给到位信号,垂直缸立即停止。与此同时,计时器从上升限位开始计时,直到下降限位停止,然后将计时值与该动作执行时间参数进行比较。如果计时值在执行时间参数的范围之内,那么写入机械手下降完成标志位,进入下一步程序;否则,写入下降动作错误标志位,进入出错步程序。

②夹紧:机械手夹紧缸从松开限位运动至夹紧限位。松开限位由夹紧缸缩进油路的压力继电器决定,夹紧限位由夹紧缸伸进的压力继电器决定。首先,步程序载入该动作执行时间参数并清除动作完成标志寄存器,然后驱动夹紧缸从松开限位开始夹紧,当运动至夹紧限位时,压力继电器给到位信号,夹紧缸立即停止。与此同时,计时器从夹紧限位开始计时,直到松开限位停止,然后将计时值与该动作执行时间参数进行比较。如果计时值在执行时间参数的范围之内,那么写入机械手夹紧完成标志位,进入下一步程序;否则,写入夹紧动作错误标志位,进入出错步程序。

③上升:机械手垂直缸从下降限位运动至上升限位。其过程与下降相似。

④右移:机械手水平缸从左侧限位运动至右侧限位。左侧限位由水平缸缩进油路的霍尔传感器决定,右侧限位由水平缸伸进的霍尔传感器决定。首先,步程序载入该动作执行时间参数,并清除动作完成标志寄存器,然后驱动水平缸从左侧限位开始向右运动,当运动至右侧限位时,霍尔传感器给到位信号,水平缸立即停止。同时,计时器从左侧限位开始计时,直到右侧限位停止,然后将计时值与该动作执行时间参数进行比较。如果计时值在执行时间参数的范围之内,那么写入机械手右移完成标志位,同时机械手抓组动作完成;否则,写入右移动作错误标志位,进入出错步程序。

(2)放动作。通过机械手抓动作流程可知,机械手放动作也分为连续的四个动作,即下降、松开、上升和左移。因此,机械手放动作由四个步程序顺序构成。其中下降和上升步程序与抓动作中的下降和上升步程序相同,不必赘述。

(3)复位。这是机械手开始正式动作前的准备工作。它让机械手恢复到起始的抓动作位置,以便可以进行下一步正式动作,包括松开、上升和右移等动作。其中,松开、上升和右移的动作与前面所述的程序相同,且严格按顺序进行。但是,每个动作的计时方式是按固定时间进行的,即对每个动作均按30s进行计时,若动作均在30s内完成,写入复位完成标志位,否则写入复位错误标志位。

(4)自检。这是机械手自我调节和自我检测的部分。它包括了机械手的所有执行动作(下降、上升、右移、左移、夹紧和松开),并且对每个执行动作都进行精确计时,对机械手上的每个传感器(霍尔传感器和压力继电器)进行检测,写入每个动作的执行时间和传感器信号正确标志位。其中,将动作执行时间写入 DM200~DM209,作为执行时间参数,将传感器信号标志位写入 SR23300~SR23311,作为传感器信号标志,以便主控 PC 读取,并写入自检完成标志位。若未收到传感器信号,则写入相应传感器的错误标志位。

3.传送带自动部分

传送带自动部分包括步进、复位和自检。

(1)步进。传送带前进到霍尔传感器位置停止。传送带只执行一个步进动作,因此只有一个步程序。首先,步程序载入该动作执行时间参数,并清除动作完成标志位,传送带从起始位置开始前进,当霍尔传感器检测到传送带上的磁珠时,传送带立即停止。与此同时,计时器从起始位置开始计时,直到传送带停止位置停止计时,然后将计时值与该动作执行时间参数进行比较。如果计时值在执行时间参数的范围之内,那么写入传送带步进完成标志位;否则,写入步进错误标志位,并进入出错步程序。

(2)复位。传送带复位执行动作与步进动作相同,但是,复位动作的计时方式是按固定时间进行的。其过程与机械手复位相似。

(3)自检。这是传送带自我调节和自我检测的部分。自检动作包括了12次步进动作。首先,开始第一次步进,启动步进次数计数器和动作时间计时器,程序对第一次步进进行精确的计时,同时对霍尔传感器(磁珠)进行信号检测,步进完毕时,步进次数计数器加1,并开始第二次步进,如此循环直到步进次数计数达到12次后,自检动作完成。程序取每次步进的动作时间平均值作为执行时间参数存入 DM0411,将每次检测的霍尔传感器信号写入 SR23800~SR23811,作为传感器信号标志位,以便主控 PC 读取,并写入自检完成标志位。若未收到传感器信号,则写入相应传感器的错误标志位。

4.机床自动部分

机床自动部分包括机床作业、复位和自检。根据不同工位上的工序流程,机床程序流程是不完全相同的,但由于每个工位的机床作业流程和控制原理大致相同,因此此处仅以流程最复杂的机床为例进行详细介绍,其他工位则不再赘述。

(1)机床作业。通过工序流程分析可知,它分为连续的七个动作,即夹紧机构夹紧、推进机构前进、进刀机构快进、进刀机构慢进且刀盘旋转、进刀机构后退、推进机构后退和夹紧机构松开。其中,每个动作对应于 PLC 程序中的一个步程序。

①夹紧机构夹紧:夹紧机构从松开限位运动至夹紧限位。其过程与机械手夹紧相似。

②推进机构前进:推进机构从推进缸后退限位运动至前进限位。

③进刀机构快进:进刀机构从后退限位快速运动至中间限位。其过程与推进机构前进相似。

④进刀机构慢进且刀盘旋转:进刀机构从中间限位慢速运动至前进限位,同时刀盘旋转。其过程与进刀机构快进相似。

⑤进刀机构后退:进刀机构从进刀机构前进限位运动至后退限位。其过程与进刀机构前进相似。

⑥推进机构后退:推进机构从推进缸前进限位运动至后退限位。其过程与进刀机构前进相似。

⑦夹紧机构松开:夹紧机构从夹紧限位运动至松开限位。其过程与夹紧机构夹紧相似。

(2)复位。这是机床开始正式作业前的准备工作。它让机床上的所有设备恢复到起始位置,以便开始进行正式作业,包括下列动作:夹紧机构松开、推进机构后退和进刀机构后退。其中,夹紧机构松开、推进机构后退和进刀机构后退的动作与前面所述的程序相同,且严格按顺序进行。但是,每个动作的计时方式是按固定时间进行的,即对每个动作均按 30s 进行计时,若动作均在 30s 内完成,则写入复位完成标志位,否则写入复位错误标志位。

(3)自检。这是机床自我调节和自我检测的部分。自检动作包括了机床作业的所有执行动作,并且对每个执行动作都进行精确的计时,对机床上的每个传感器(霍尔传感器和压力继电器)进行检测,写入每个动作的执行时间和传感器信号正确标志位。其中,将动作执行时间写入 DM300～DM309 作为执行时间参数,将传感器信号标志位写入 SR23400～SR23309 作为传感器信号标志,以便主控 PC 读取,并写入自检完成标志位。若未收到传感器信号,则写入相应传感器的错误标志位。

5. 出错停止部分

当执行动作发生错误时,所有的步程序都跳入同一个出错步程序。出错步程序停止当前执行动作,并清除所有完成标志位。

6. 半自动控制与手动控制部分

半自动控制和手动控制都是通过文本显示器进行控制的。文本显示器可以访问 PLC 内部的中间继电器,通过中间继电器控制所有执行动作。

(1)半自动控制。只有一个步程序,其中,输入中间继电器与输出继电器和传感器组成组合逻辑,输出继电器驱动执行机构。

(2)手动控制。只有一个步程序,与半自动控制不同,输入中间继电器直接输出继电器,驱动执行机构。

第三节 步进指令及其应用

一、顺序控制原理

1. 顺序控制与功能图表示

所谓顺序控制,就是按照生产工艺预先规定的顺序,在各个输入信号的作用下,根据内部状态和时间的顺序,在生产过程中各个执行机构自动地有秩序地进行操作。按照顺序控制编程时,首先根据系统的工艺过程,画出顺序功能图,然后根据顺序功能图画出梯形图。顺序控制功能图(Sequential Function Chart,SFC)又称为状态转移图,它是描述控制系统的控制过程、功能和特性的框图,也是设计 PLC 的顺序控制程序的重要工具。顺序控制功能图并不涉及所描述的控制功能的具体技术,便于不同专业人员之间进行技术交流。一个控制过程可以分为若干个阶段,这些阶段称为状态。状态之间由转换分隔,当相邻状态间的转换条件得到满足时,就实现转换。有的 PLC 编程软件为用户提供了顺序功能图语言,在编程软件中生成顺序功能图后便完成了编程工作。顺序控制编程方法是一种先进的设计方法,很容易被初学者接受,对于有经验的工程师来说可提高设计的效率,进行程序的调试、修改和阅读都很方便。图 5-1 是一个简单的 SFC。

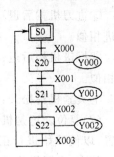

图 5-1 简单的 SFC

状态软元件是构成 SFC 的基本元件。FX2N 系列 PLC 有状态寄存器 1000 点(S0～S999),其中 S0～S9 称为初始状态器,是状态转移图的起始状态。在具有手动和自动控制的顺控系统中,通常 S0 作为手动方式初始状态,S1 作为原点返回初始状态,S2 作为自动方式初始状态,S10～S19 用作返回原点专用状态。

顺序控制编程的基本思想是将系统的一个工作周期划分为若干个顺序相连的阶段,这些阶段称为步,可以用编程元件(例如辅助继电器 M 和状态寄存器 S)来代表各步。步是根据输出量的状态变化来划分的,在任何一步之内,各输出量的 ON/OFF 状态不变,但是相邻两步输出量总的状态是不同的。步的这种划分方法使代表各步的编程元件的状态与各输出量的状态之间有着极为简单的逻辑关系。与系统的初始状态相对应的步称为初始步。初始状态一般是系统等待启动命令的相对静止的状态。初始步用双线方框表示,每一个顺序功能图至少应该有一个初始步。当系统正处于某步所在的阶段时,该步处于活动状态,称该步为"活动步"。SFC 中用矩形方框表示步,方框中可用数字表示步的编号,但一般用代表步的编程元件的元件号作为步的编号,如 S0 等,这样在根据顺序控制功能图设计梯形图时较为方便。图 5-1 中的工作周期分为 3 步,用 S20、S21 和 S22 表示,另外还必须设置初始步,用 S0 表示。步处于活动状态时,相应的动作被执行;处于不活动状态时,相应的非存储型动作被停止执行。电路的输出有时也称为动作,如图 5-1 中的 Y000 的线圈在 S20 为活动步时"通电",在 S20 为不活动时断电。从本质上讲,Y000 线圈的通电或断电对应着系统的动作。

在画状态图时,将代表各步的方框按它们成为活动步的先后次序顺序排列,并用有向连线将它们连接起来。若成为活动步的先后次序顺序为从上到下或从左到右,则有向线段的箭头可省略。转换用有向线段上与有向线段垂直的短横线表示,转换将相邻两步分隔开。步的活动状态的进展是由转换的实现来完成的,并与控制过程的发展相对应。转换条件是与转换相关的逻辑命题,转换条件可以用文字语言、布尔代数表达式或图形符号标注在表示转换的短横线旁,使用得最多的是布尔代数表达式。图 5-1 中的 X000、X001 等,表示当输入信号 X000、X001 为 ON 时的转换实现。线圈等表示输出信号。当进入某一状态时,PLC 执行该状态下的所有基本顺序控制指令,同时指明下一个状态的转移方向及其转移条件,并在进入该状态后的下一个扫描周期复位上一个状态。

图 5-1 表示,当 PLC 运行后进入初始状态 S0 等待启动命令,当启动指令 X000 有效时

进入 S20 状态,由输出接点 Y000 控制的机械开始运行,即 Y000 有输出,并等待转移条件 X001;当 X001 有效则进入 S21 状态,由 Y001 控制的机械接着开始运行,与此同时复位 S20 状态并等待转移条件 X002;当 X002 有效又进入 S22 状态,由 Y002 控制的机械开始运行,与此同时复位 S21 状态并等待转移条件 X003;当 X003 有效时返回至初始状态 S0 并等待下一次启动指令,与此同时复位 S22 状态。显然,该图清晰地表达了整个控制过程,便于设计,也便于阅读。

2. SFC 的基本结构

(1)选择性流程:选择性流程的开始称为分支,如图 5-2(a)所示,转换符号只能标在水平连线之下。如果步 5 是活动步,并且转换条件 $h=1$,将执行步 5→步 8 的流程。如果步 5 是活动步,并且转换条件 $k=1$ 将执行步 5→步 10 的流程。如果将选择条件改为 kh,则当 k 和 h 同时为 ON 时,将优先选择 k 对应的流程,一般只能同时选择一个流程,即选择性流程中的各流程是互相排斥的,其中的任何两个流程都不能同时执行。

选择性流程的结束称为合并,如图 5-2(a)所示,几个选择性流程与并行流程合并到一个公共流程时,用与需要重新组合的流程相同数量的转换符号和水平连线来表示,转换符号只允许标在水平连线之上。如果步 9 是活动步,并且转换条件 $j=1$,将执行步 9→步 12 的流程。如果步 11 是活动步,并且转换条件 $n=1$,将执行步 11→步 12 的流程。

(2)并行流程:并行流程的开始也称为分支,如图 5-2(b)所示,当转换的实现导致几个流程同时被激活时,这些流程称为并行流程。图中,当步 3 是活动步,并且转换条件 $e=1$ 时,步 4 和步 6 同时变为活动步,与此同时步 3 又变为不活动步。为了强调转换的同步实现,水平连线用双线表示。步 4 和步 6 被同时激活后,每个流程中活动步的进展将是独立的。在表示同步的双水平线之上,只允许有一个转换符号。并行流程用来表示几个同时动作的独立部分的工作情况。

并行流程的结束称为合并,如图 5-2(b)所示,在表示同步的水平双线之下,只允许有一个转换符号。当直接连在双线上的所有前级步(步 5 和步 7)都处于活动状态,并且转换条件 $r=1$ 时,才会发生步 5 和步 7 到步 10 的进展,即步 5 和步 7 同时变为不活动步,而步 10 变为活动步。在每一分支点,最多允许 8 条支路,每条支路的步数不受限制。

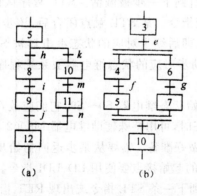

图 5-2　选择性流程与并行流程

3. 绘制 SFC 时应注意的问题

在绘制 SFC 时需要注意以下几个问题。

(1)两个步绝对不能直接相连,必须用一个转换将它们隔开。

(2)两个转换也不能直接相连,必须用一个步将它们隔开。

(3)SFC 中的初始步一般对应于系统等待启动的初始状态,这一步可能没有什么输出处于 ON 状态,因此有的初学者在画 SFC 时很容易遗漏这一步。初始步是必不可少的,一是因该步与它的相邻步相比,从总体上说输出变量的状态各不相同,二是如果没有该步,无法表示初始状态,系统也无法返回停止状态。

(4)自动控制系统应能多次重复执行同一工艺过程,因此在 SFC 中一般应有由步和有向线段组成的闭环,即在完成一次工艺过程的全部操作之后,应从最后一步返回初始步,系统停留在初始状态。在连续循环工作方式时,将从最后一步返回下一工作周期开始运行的第一步。

(5)在 SFC 中,只有当某一步的前级步是活动步时,该步才有可能变成活动步。如果用没有断电保持功能的编程元件代表各步,进入 RUN 工作方式时,它们均处于 OFF 状态,必须用初始化脉冲 M8002 的动合触点作为转换条件,将初始步预置为活动步,否则因 SFC 中没有活动步,系统将无法工作。如果系统有自动、手动两种工作方式,SFC 是用来描述自动工作过程的,这时还应在系统由手动工作方式进入自动工作方式时,用一个适当的信号将初始步置为活动步。

二、步进指令

步进指令有两条,即 STL 和 RET。STL 是步进开始指令,表明进入某一状态开始执行该状态下的顺序控制操作,即该状态有效。RET 是步进结束指令,在一系列 STL 指令后使用该指令,表明步进顺序控制结束。使用步进指令时,首先根据控制系统的具体条件,画出对应的状态转移图。

STL 触点一般是与左侧母线相连的动合触点,当某一步为活动步时,对应的 STL 触点接通,它右边的电路被处理,直到下一步被激活。STL 程序区内可以使用标准梯形图的绝大多数指令和结构,包括功能指令。某 STL 触点闭合后,该步的负载线圈被驱动。当该步的转换条件满足时实现转换,即后续步对应的状态继电器被 SET 或 OUT 指令置位,后续步变为活动步,同时与原活动步对应的状态继电器被系统程序自动复位,原活动步对应的 STL 触点断开。

系统的初始步应使用初始状态继电器 S0～S9,它们应放在顺序功能图的最上面,在由 STOP 状态切换到 RUN 状态时,可用特殊辅助继电器 M8002 将初始状态继电器置为 ON,为以后步的活动状态的转换做好准备。需要从某步返回初始步时,应对初始状态继电器使用 OUT 指令。与 STL 相连的起始接点要使用 LD、LDI 指令。使用 STL 指令后,LD 接点移至 STL 接点的右侧,一直到下一条 STL 指令或出现 RET 指令为止。RET 指令使 LD 点返回母线。使用 STL 指令使新的状态置位,前一状态自动复位。使用 STL 指令的状态寄存器的动合触点称为 STL 触点,在梯形图中的符号如图 5-3(b)所示。状态转移图与梯形图有严格的对应关系,图 5-3(a)是状态转移图,图 5-3(b)是对应的梯形图,图 5-3(c)是指令表。

STL 触点驱动的电路块具有 3 个功能,即驱动有关负载、指定转移目标和转移条件。STL 指令有以下特点。

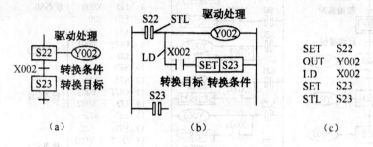

图 5-3 状态器的梯形图符号及应用

(1)STL 可以直接驱动或通过别的触点驱动 Y、M、S、T 等元件的线圈,STL 触点也可以使 Y、M、S 等元件置位或复位。

(2)STL 触点接通后,与此相连的电路就可执行,断开后,与此相连的电路停止执行。但要注意,STL 触点由接通转为断开后,还要执行一个扫描周期。

(3)STL 指令只能用于状态寄存器。但状态寄存器也可以是 LD、LDI、AND 等指令的目标元件。也就是说,状态器不作为步进指令的目标元件时,就具有一般辅助继电器的功能。

(4)STL 触点驱动的电路块中不能使用 MC 和 MCR 指令。

三、SFC 与梯形图的转换

SFC 可以转换成梯形图,然后再写出语句表。SFC、梯形图、语句表之间的对应关系如图 5-4 所示。初始状态的编程要特别注意,初始状态可由其他状态器件驱动,如图 5-4 中的 S23。最开始运行时,初始状态必须用其他方法预先驱动,使之处于工作状态。在图 5-4 中,初始状态是由 PLC 从停止—启动运行切换的瞬间使特殊辅助继电器 M8002 接通,从而使状态器 S0 置"1"。除初始状态器之外的一般状态器元件必须在其他状态后加入 STL 指令才能驱动,不能脱离状态器用其他方式驱动,编程时必须将初始状态器放在其他状态之前。

为更好地理解步进顺控指令 STL、RET,以图 5-5 所示的旋转工作台的凸轮-限位开关自动控制系统为例进行说明。在初始状态时,左限位开关 X003 为 ON,按下启动按钮 X000,Y001 变为 ON,电动机驱动工作台沿顺时针正转,转到右限位开关 X004 所在位置时暂停 5s(用 T0 定时),定时到时后 Y002 变为 ON,工作台反转,回到在限位开关 X003 所在的初始位置时停止转动,系统回到初始状态。

工作台一个周期内的运动由图 5-5(a)中自上而下的 4 步组成,它们分别对应于 S0、S20、S21、S22。其中 S0 是初始步,PLC 进入 RUN 状态时,初始化脉冲 M8002 的动合触点闭合一个扫描周期,梯形图中第一梯级的 SET S0 指令将初始步 S0 置为活动步。在梯形图的第二梯级中,S0 的 STL 触点和 X000 的动合触点组成的串联电路,代表转移的条件,S0 的 STL 触点闭合,表示 X000 的前级步 S0 是活动步,若 X000 的动合触点闭合,则表示转移条件满足。

所以,在初始步为活动步时,按下启动按钮 X000,转移的两个条件得到满足,此时置位

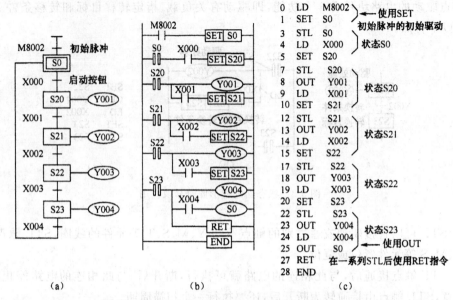

图 5-4 SFC、梯形图、语句表之间的对应关系

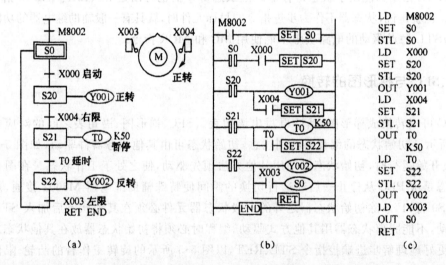

图 5-5 旋转工作台 SFC、梯形图和指令表

指令 SET S20 被执行,后续步 S20 变为活动步,同时系统程序自动地将前级步复位为不活动步。S20 的 STL 触点闭合后,该步的负载被驱动,Y001 的线圈通电,工作台正转。限位开关 X004 动作时,转移条件得到满足,下一步的状态继电器 S21 被置位,进入暂停步,同时初级步的状态继电器 S20 被自动复位。系统就这样一步一步地工作下去,在最后一步,工作台反转,当返回到左限位开关 X003 所在的位置时,用 OUT S0 指令使初始步对应的 S0 变为 ON 并保持,系统返回并停在初始步。

明确了 SFC 与梯形图的关系,根据梯形图即可写出语句表。需要注意的是,在图 5-5(b)的梯形图结束处,一定要使用 RET 指令才能使 LD 点回到左侧母线上,否则会出现语法错误,系统将不能正常工作。图 5-5(c)是对应的程序指令表。

四、步进指令的应用

1. 单流程 SFC 的编程

单流程是指状态转移只可能有一种顺序,没有其他可能。如图 5-5 所示的旋转工作台的凸轮-限位开关自动控制的控制过程,就只有一种顺序,即 S0→S20→S21→S22→S0,这是一个典型的单流程,由单流程构成的 SFC 称为单流程 SFC。在许多情况下,自动控制系统是按单流程运行的,其编程比较简单,一般的编程方法和步骤如下。

(1)根据控制要求,列出 PLC 的 I/O 分配表,画出 I/O 分配图。

(2)将整个工作过程按工序进行分解,每个工序对应一个状态,整个工作过程分为若干状态。

(3)分析每个状态的功能和作用,即设计驱动程序。

(4)找出每个状态的转移条件和转移方向。

(5)根据以上分析,画出控制系统的 SFC。

(6)根据 SFC 绘制梯形图或写出指令表。

下面结合桥式起重机的电气控制系统说明用步进指令的编程方法。控制要求为:送电等待信号显示→按启动按钮→正转→正转限位→停 5s→反转→反转限位→停 7s→返回送电显示状态。编程步骤如下。

(1)I/O 分配:根据控制要求,其 I/O 分配如 5-6(a)所示。

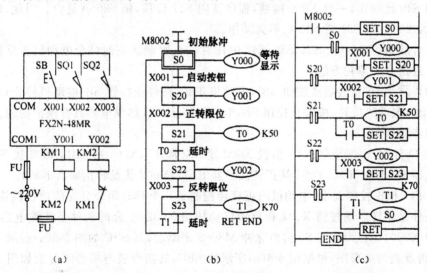

(a)　　　　　　　　　　(b)　　　　　　　　　　(c)

图 5-6　起重机自动控制程序

(2)SFC:根据上述控制要求,可将整个工作过程分为 5 个状态,即 S0(初始状态)、S20(正转)、S21(暂停)、S22(反转)、S23(暂停),每个状态的功能分别为 S0 等待显示 Y000、S20正转 Y001、S21 停止时间 T0、S22 反转 Y002、S23 停止时间 T1;每个状态的转移条件分别为初始脉冲 M8002、启动按钮 X001、正转限位 X002、延时触点 T0、反转限位 X003、延时触点 T1。其状态转移图如图 5-6(b)所示。

(3)梯形图:根据 SFC 与梯形图的对应关系,可以将图 5-6(b)的 SFC 方便地制成控制系统的梯形图,如图 5-6(c)所示。

2. 选择性流程 SFC 的编程

在较复杂的顺序控制中,一般都是多流程的控制,常见的有选择性流程和并行性流程两种。由两个及以上的分支程序组成的,但只能从中选择一个分支执行的程序,称为选择性流程程序。图 5-7 是具有 3 个支路的选择性流程 SFC,其特点如下。

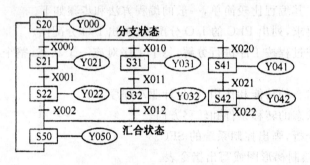

图 5-7　选择性流程 SFC

①从 3 个流程中选择执行哪一个流程由转移条件 X000、X010、X020 决定。

②分支转移条件 X000、X010、X020 不能同时接通,哪个接通就执行哪条分支。

③当 S20 已动作,一旦 X000 接通,程序就向 S21 转移,则 S20 就复位。因此,即使以后 X010 或 X020 接通,S31 或 S41 也不会动作。

④汇合状态 S50,可由 S22、S32、S42 中任意一个驱动。下面结合电动机正反转的控制说明用步进指令的编程方法。

控制要求为:按正转启动按钮 SB1,电动机正转,按停止按钮 SB,电动机停止;按反转启动按钮 SB2,电动机反转,按停止按钮 SB,电动机停止。且热继电器具有保护功能。

编程步骤如下。

(1)I/O 分配:根据给定条件,假设 X000 接 SB(常开),X001 接 SB1,X002 接 SB2,X003 接热继电器 BTE(常开)。Y001 接正转接触器 KM1,Y002 接反转接触器 KM2。

(2)SFC:根据控制要求,电动机的正反转控制是一个具有两个分支的选择性流程,分支转移的条件是正转启动按钮 X001 和反转启动按钮 X002,汇合的条件是热继电器 X003 或停止按钮 X000,而初始状态 S0 可由脉冲 M8002 来驱动,其 SFC 如图 5-8(a)所示。

(3)指令表与梯形图:根据图 5-8(a)所示的 SFC,其指令表与梯形图分别如图 5-8(b)和图 5-8(c)所示。在梯形图中,由 S20 和 S30 的 STL 触点驱动的电路块中均有转换目标 S0,对它们的后续步 S0 的置位(将它变为活动步)是用 OUT 指令实现的,对相应前级步的复位(将它变为不活动步)是由系统程序自动完成的。其实在设计梯形图时,没有必要特别留意选择序列的合并如何处理,只要正确地确定每一步的转换条件和转换目标,就能"自然地"实现选择序列的合并。

由此例可以看出,如果在某一步的后面有 N 条选择性分支,则该步的 STL 触点开始的电路块中应有 N 条分别指明各转换条件和转换目标的并联电路。例如步 S0 之后有 2 条支

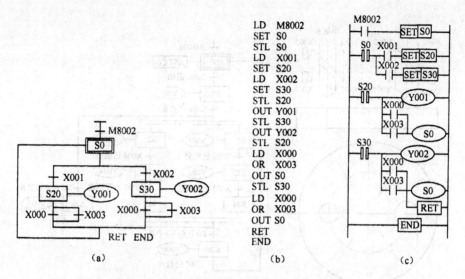

图 5-8 使用步进指令的电动机正反转控制程序

路,2 个转换条件分别为 X001 和 X002,可能分别进入步 S20 和步 S30,在 S0 的 STL 触点开始的电路块中,有 2 条分别由 X001 和 X002 作为置位条件的并联支路。STL 触点具有与主控指令(MC)相同的特点,即 LD 点移到了 STL 触点的右端,对于选择性分支对应电路的设计,是很方便的。用 STL 指令设计复杂系统的梯形图时更能体现其优越性。

3. 并行流程 SFC 的编程

下面以专用钻床的控制系统为例,说明并行流程的编程方法步骤,如图 5-9 所示。若专用钻床加工圆盘状零件上均匀分布的 6 个孔如图 5-9(a)所示。操作人员放好工件后,按下启动按钮 X000,Y000 变为 ON,工件被夹紧,夹紧后压力继电器 X001 为 ON,Y001 和 Y003 使 2 只钻头同时开始向下进给。大钻头钻到由限位开关 X002 设定的深度时,Y002 使它上升,上升到由限位开关 X003 设定的起始位置时停止上行。小钻头钻到由限位开关 X004 设定的深度时,Y004 使它上升,上升到由限位开关 X005 设定的起始位置时停止上行,同时设定值为 3 的计数器 C0 的当前值加 1。两个都到位后,Y005 使工件旋转 120°,旋转到位时 X006 为 ON,旋转结束后又开始钻第 2 对孔。3 对孔都钻完后,计数器的当前值等于设定值 3,转换条件 C0 满足。Y006 使工件松开,松开到位时,限位开关 X007 为 ON,系统返回初始状态。

在图 5-9(b)中用状态寄存器 S 来代表各步,SFC 中包含了选择性流程和并行流程。在步 S21 之后,有一个选择性流程的合并,还有一个并行流程的分支。在步 S29 之前,有一个并行流程的合并,还有一个选择流程的分支。

在并行流程中,两个子流程中的第一步 S22 和 S25 是同时变为活动步的,两个子流程中的最后一步 S24 和 S27 是同时变为不活动步的。

因为两个钻头上升到位有先有后,设置了步 S24 和步 S27 作为等待步,它们用来同时结束 5 个并行流程。当两个均上升到位,限位开关 X003 和 X005 均为 ON,大、小钻头两个子系统分别进入两个等待步,并行流程将会立即结束。每钻一对孔计数器 C0 加 1,此时若 C0

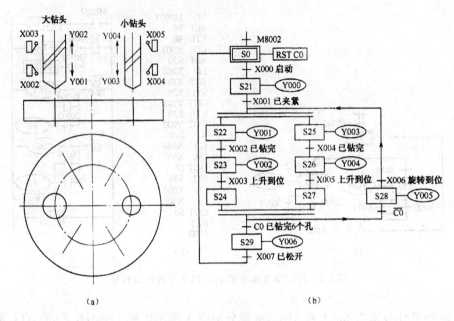

图 5-9　钻孔过程与 SFC

的当前值小于设定值,其动断触点闭合,转换条件 C0 满足,将从步 S24 和 S27 转换到步 S28。如果已钻完 3 对孔,C0 的当前值等于设定值,其动合触点闭合,转换条件 C0 满足,将从步 S24 和 S27 转换到步 S29。

图 5-9(b)中分别由 S22→S24 和 S25→S27 组成的两个单流程是并行工作的,设计梯形图时应保证这两个流程同时开始工作和同时结束,即两个流程的第一步 S22 和 S25 应同时变为活动步,两个流程的最后一步 S24 和 S27 应同时变为不活动步。图 5-10 是使用 STL 指令编制的钻孔过程自动控制的梯形图。

并行流程的分支的处理是很简单的,在图 5-9(b)中,当步 S21 是活动步,并且转换条件 X001 为 ON 时,步 S22 和 S25 同时变为活动步,两个序列开始同时工作。在图 5-10 梯形图中,用 S21 的 STL 触点和 X001 的动合触点组成的串联电路来控制 SET 指令对 S22 和 S25 同时置位,系统程序将前级步 S21 变为不活动步。

图 5-9(b)中并行流程合并处的转换有两个前级步 S24 和 S27,根据转换实现的基本规则,当它们均为活动步并且满足转换条件,将实现并行序列的合并。未钻完 3 对孔时,C0 的动断触点闭合,转换条件反满足,将转换到步 S28,即该转换的后续步 S28 变为活动步(S28 被置位),系统程序自动地将该转换的前级步 S24 和 S27 同时转换成不活动步,在梯形图图 5-10 中,用 S24 和 S27 的 STL 触点(均对应 STL 指令)和 C0 的动断触点组成的串联电路使 S28 置位。

在图 5-10 中,S27 的 STL 触点出现了两次,如果不涉及并行流程的合并,同一状态寄存器的 STL 触点只能在梯形图中使用 1 次。串联的 STL 触点的个数不能超过 8 个,换句话说,一个并行流程中的序列数不能超过 8 个。

钻完 3 对孔时,C0 的动合触点闭合,转换条件 C0 满足,将转换到步 S29。

根据 SFC 来设计梯形图时,也可以用辅助继电器 M 来代表步。某一步为活动步时,对应的辅助继电器为 ON,某一转换实现时该转换的后续步变为活动步,前级步变为不活动步。很多转换条件都是短信号,即它存在的时间比它激活的后续步为活动步的时间短,因此应使用有记忆(或称保持)功能的电路(如启保停电路和置位复位指令组成的电路)来控制代表步的辅助继电器。

启保停电路仅仅使用与触点和线圈有关的指令,任何一种 PLC 的指令系统都有这一类指令,因此这是一种通用的编程方法,可以用于任意型号的 PLC。

图 5-11 中的步 M1、步 M2 和步 M3 是 SFC 中顺序相连的 3 步,X001 是步 M2 之前的转换条件。设计启保停电路的关键是找出它的启动条件和停止条件。根据转换实现的基本规则,转换实现的条件是它的前级步为活动步,并且满足相应的转换条件,所以步 M2 变为活动步的条件是它的前级步 M1 为活动步,且转换条件 X001＝1。在启保停电路中,则应将前级步 M1 和转换条件 X001 对应的动合触点串联,作为控制 M2 的启动电路。当 M2 和 X002 均为 ON 时,步 M3 变为活动步,这时步 M2 应变为不活动步,因此可以将 M3＝1 作为使辅助继电器 M2 变为 OFF 的条件,即将后续步 M3 的动断触点与 M2 的线圈串联,作为启保停电路的停止电路。图 5-11 中的梯形图可以用逻辑代数式表示为

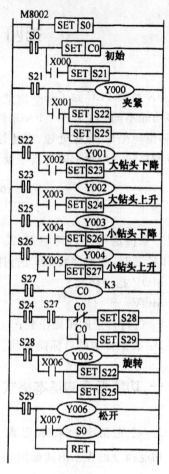

图 5-10　使用 STL 指令编制的钻孔过程自动控制梯形图

$$M2＝(M1 \cdot X001＋M2) \cdot M3$$

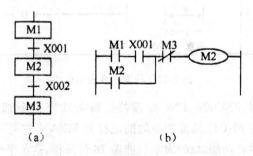

图 5-11　使用辅助继电器编制

此例中也可以用 X002 的动断触点代替 M3 的动断触点。但是当转换条件由多个信号经"与""或""非"逻辑运算组合而成时,应将它的逻辑表达式求反,再将对应的触点串并联电路作为启保停电路的停止电路,不如使用后续步的动断触点这样简单方便。

第四节　功能指令及其应用

FX 系列 PLC 除了基本指令和步进指令外,还有许多功能指令。功能指令实际上就是许多功能不同的子程序。FX 系列的功能指令可分为程序控制、传送与比较、算术与逻辑运算、移位与循环、数据处理、高速处理、外部输入/输出处理、设备通信等几类。FX 系列功能指令的格式采用梯形图和指令助记符相结合的形式。例如

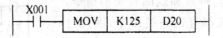

就是一条传送指令。其中 K125 是源操作数,D20 是目标操作数,X001 是执行条件。当 X001 接通时,就把常数 125 送到数据寄存器 D20 中去。

MOV 指令格式

MOV　S　D

S：进行传送的源操作数；

D：数据传送的目标操作数。

一、功能指令的基本格式

1. 功能指令的表示形式

功能指令的表示形式如图 5-12 所示。

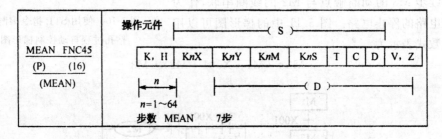

图 5-12　功能指令表示形式

功能指令按功能号 FNC00～FNC99 编排。每条功能指令都有一个指令助记符。如图 5-12 中功能号为 45 的 FNC45 功能指令的助记符为 MEAN,它是一条数据处理平均值功能指令。图中(P)是脉冲执行功能,(16)表示只能做 16 位操作,这条平均值指令是 7 步指令。

有的功能指令只需指定功能编号即可,但更多的功能指令在指定功能编号的同时还需指定操作元件。操作元件由 1 到 4 个操作数组成。下面将操作数说明如下。

[S]是源操作数。若使用变址功能时,表示为[S·]形式。有时源操作数不止一个,可用[S1·]、[S2·]表示。

[D]是目标操作数。若使用变址功能时,表示为[D·]形式。有时目标不止一个,可用[D1·]、[D2·]表示。

m 与 n 表示其他操作数(此处尚未使用 m),常用来表示常数或作为源操作数和目标操作数的补充说明。表示常数时,十进制用 K,十六进制用 H。需注释的项目较多时可采用 $m1$、$m2$ 等方式。

功能指令的功能号和指令助记符占 1 个程序步。操作数占 2 个或 4 个程序步(做 16 位操作是 2 个程序步,32 位操作是 4 个程序步)。

图 5-13 中的指令助记符 BMOV(Block Move)是数据块传送指令。图中给出了指令 BMOV 的指令表,其中的 SP 表示在用编程器输入时,在两个操作数之间要按标有"SP"(Space)的空格键。

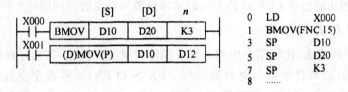

图 5-13　功能指令举例

写入功能指令时,先按 FNC 键,再输入功能指令的编号,例如功能指令 BMOV 的编号为 FNC15。使用简易编程器键的帮助功能,可以显示出功能指令的助记符和编号的一览表。图 5-13 中的 X000 的动合触点接通时,将 3 个($n=3$)数据寄存器 D10~D12 中的数据传送到 D20~D22 中去。

2. 数据长度和指令类型

图 5-13 中助记符 MOV 之前的"D"表示处理 32 位(bit)双字数据,此时相邻的两个数据寄存器组成数据寄存器对,该指令将 D11 和 D10 中的数据传送到 D13 和 D12 中去,D10 中为低 16 位数据,D11 中为高 16 位数据。处理 32 位数据时,为避免出现错误,建议使用首地址为偶数的操作数。没有"D"时表示处理 16 位数据。在 FX 系列 PLC 的编程手册和编程软件中,表示 32 位指令的"D"的两侧没有加括号。

在 MOV 后面的"P"表示脉冲(Pulse)执行,即仅在 X001 由 OFF 转为 ON 状态时执行一次。如果没有"P",在 X001 为 ON 的每一个扫描周期指令都要被执行,称为连续执行。INC(加 1)、DEC(减 1)和 XCH(数据交换)等指令一般应使用脉冲执行方式。如果不需要每个周期都执行指令,使用脉冲方式可以减少执行指令的时间。符号"P"和"D"可同时使用,例如 D△△△P,其中的"△△△"表示功能指令的助记符。

在编程软件中,直接输入"D MOV P D10 D12",指令和各操作数之间用空格分隔。

3. 数据格式

(1)位元件及其组合:位(bit)元件用来表示开关量的状态,如动合触点的通、断,线圈的通电和断电,这两种状态分别用二进制数 1 和 0 来表示,或称为该编程元件处于 OFF 或 ON 状态。X、Y、M 和 S 为位元件。

FX 系列 PLC 用 KnP 的形式表示连续的位元件组,每组由 4 个连续的位元件组成,P 为位元件的首地址。n 为组数($n=1\sim8$)。例如 K2M0 表示由 M0~M7 组成的 2 个位元件组,M0

为数据的最低位(首位)。16 位操作数时 $n=1\sim 4$，$n<4$ 时高位为 0；32 位操作数时 $n=1\sim 8$，$n<8$ 时高位为 0。一般在使用成组的位元件时，X 和 Y 的首地址的最低位为 0，如 X000,X010，Y020 等。对于 M 和 S，首地址可以采用能被 8 整除的数，也可以采用最低位为 0 的地址作为首地址，如 M32,S50 等，功能指令中的操作数可能取 K(十进制常数),H(十六进制常数)，$K_nX,K_nY,K_nM,K_nS,T,C,D,V$ 和 S。

(2)字元件：1 个字由 16 个二进制位组成，字元件用来处理数据，例如定时器和计数器的设定值寄存器，当前值寄存器和数据寄存器 D 都是字元件，位元件 X、Y、M、S 等也可以组成字元件来进行数据处理。PLC 存储字数据的方式有二进制补码、十六进制数、BCD 码。PLC 中的数据有科学计数法格式和浮点数格式。科学计数法格式不能直接用于运算，可用于监视接口中数据的显示。使用功能指令 EBCD 和 EBIN 可以实现科学计数法格式与浮点数格式之间的相互转换，使用功能指令 FLT 和 INT 可以实现整数与浮点数之间的相互转换。

4. 变址寄存器 V 和 Z

变址寄存器在传送、比较指令中用来修改操作对象的元件号，在循环程序中常使用变址寄存器，其操作方式与普通数据寄存器一样。FX1S 和 FX1N 有两个变址寄存器 V 和 Z，FX2N 和 FX2NC 有 16 个变址寄存器 V0～V7 和 Z0～Z7。对于 32 位指令，V 为高 16 位，Z 为低 16 位。32 位指令中 V 和 Z 自动组对使用，这时变址指令只需指定 Z,Z 就能代表 V 和 Z 的组合。

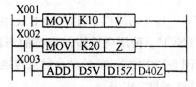

图 5-14 为变址寄存器应用举例。图中 K10 送到 V,K20 送到 Z,所以(V)和(Z)的内容分别为 10 和 20。当 (D5V)+(D15Z)→(D40Z) 时，即为 (D15)+(D35)→(D60)。可见，V 和 Z 变址寄存器的使用将编程简化。

图 5-14 变址寄存器应用

二、功能指令应用简介

FX 系列 PLC 的功能指令分为程序流向控制、传送比较、四则逻辑运算、循环与移位、数据处理、高速处理、方便指令、外部 I/O 设备、FX 功能模块、F2 外部单元等大类。

1. 程序流向控制功能指令

(1)条件跳转指令(FNC00)：指针(Point,P)用于分支和跳步程序。在梯形图中，指针放在左侧母线的左边。FX1S18 有 64 点指针(P0～P63)，FX2N 和 FX2NC 有 128 点指针(P0～P127)。

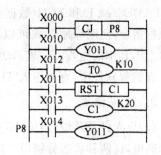

条件跳转指令(Conditional Jump,CJ)用于跳过顺序程序中的某一部分，以控制程序的流程。如图 5-15 中的 X000 为 ON 时，程序跳到指针 P8 处，若 X000 为 OFF，不执行跳转，程序按原顺序执行。跳转时，不执行被跳过的那部分指令。用编程器输入程序时，图中的指针 P8 放在指令"LD X014"之前。多条跳转指令可以使用相同的指针。

图 5-15 CJ 指令应用

指针可以出现在相应跳转指令之前,但是如果反复跳转的时间超过监控定时器的设定时间,会引起监控定时器出错。一个指针只能出现一次,若出现 2 次或 2 次以上,则会出错。如果用 M8002 的动合触点驱动 CJ 指令,相当于无条件跳转指令,因为运行时特殊辅助继电器 M8002 总是为 ON。P63 是 END 所在的步序,在程序中不需要设置 P63。

设 Y、M、S 被 OUT、SET、RST 指令驱动,跳步期间即使驱动 Y、M、S 的电路状态改变了,它们仍保持跳步前的状态。如图 5-15 中的 X000 为 ON 时,Y011 的状态不会随 X010 发生变化,因为跳步期间根本没有执行这一段程序。定时器和计数器如果被 CJ 指令跳过,跳步期间它们的当前值将被冻结。如果在跳步开始时定时器和计数器正在工作,在跳步期间它们将停止定时和计数,在 CJ 指令的条件变为不满足后继续工作。高速计数器的处理独立于主程序,其工作不受跳步的影响。如果应用指令(脉冲输出 PLSY,FNC57)和(脉冲宽度调制 PWM,FNC58)在刚被 CJ 指令跳过时正在执行,跳步期间将继续工作。

(2)子程序调用与返回指令:子程序调用指令 CALL(Sub Routine Call,FNC01)的操作数为 P0～P62,子程序返回指令 SRET(Sub Routine Return,FNC02)无操作数。

图 5-16(a)中的 X010 为 ON 时,CALL 指令使程序跳到指针 P8 处,子程序被执行,执行完 SRET 指令后返回到 104 步。子程序应放在 FEND(主程序结束)指令之后,同一指针只能出现 1 次,CJ 指令中用过的指针不能再用,不同位置的 CALL 指令可以调用同一指针的子程序。在子程序中调用子程序称为嵌套调用,最多可嵌套 5 级。图 5-16(b)中的 CALL(P) P11 指令仅在 X000 由 OFF 变为 ON 时执行 1 次。在执行子程序 1 时,如果 X000 为 ON,CALL P12 指令被执行,程序跳到 P12 处,嵌套执行子程序 2。执行第 2 条 SRET 指令后,返回子程序 1 中 CALL P12 指令的下一条指令,执行第 1 条 SRET 指令后返回主程序中 CALL(P) P11 指令的下一条指令。

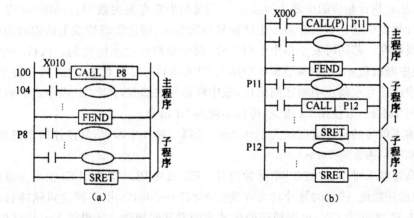

图 5-16 子程序调用与返回指令

因为子程序是间歇使用的,在子程序中使用的定时器应在 T192～T199 和 T246～T249 之间选择。

(3)与中断有关的指令:FX 系列 PLC 的中断事件包括输入中断、定时中断和高速计数中断,发生中断事件时,CPU 停止执行当前的程序,立即执行预先写好的相应的中断程序。此过程不受 PLC 扫描工作方式的影响,因此 PLC 能够迅速响应中断事件。

用于中断的指针是用来指明某一中断源的中断程序入口指针,执行到 IRET(中断返回)指令时返回主程序。中断指针应在 FEND 指令之后使用。输入中断用来接收特定的输入地址号的输入信号,输入中断指针为"I□O□",最高位与 X000~X005 的元件号相对应。FX1SM 输入号为 0~3(从 X000~X003 输入),其余单元的输入号为 0~5(从 X000~X005 输入)。最低位为 0 时表示下降沿中断,反之为上升沿中断。例如中断指针 I001 之后的中断程序在输入信号 X000 的上升沿时执行。同一个输入中断源只能使用上升沿中断或下降沿中断,例如不能同时使用中断指针 I000 和 I001 用于中断的输入点,不能与已经用于高速计数器的输入点冲突。

FX2N 和 FX2NC 系列有 3 点定时中断,中断指针为 I6□□~I8□□,低两位是以毫秒为单位的定时时间。定时中断使 PLC 以指定的周期定时执行中断子程序,循环处理某些任务,处理时间不受 PLC 扫描周期的影响。

FX2N 和 FX2NC 系列有 6 点计数器中断,中断指针为 I0□0(□=1~6)。计数器中断与 HSCS(高速计数器比较置位)指令配合使用,根据高速计数器的计数当前值与计数设定值的关系来确定是否执行相应的中断服务程序。

中断返回指令 IRET(Interruption Return)、允许中断指令 EI(Interruption Enable)和禁止中断指令 DI(Interruption Disable)的应用指令编号分别为 FNC03~FNC05,均无操作数,分别占用一个程序步。

PLC 通常处于禁止中断的状态,指令 EI 和 DI 之间的程序段为允许中断的区间,当程序执行到该区间时,如果中断源产生中断,则将停止执行当前的程序,转去执行相应的中断子程序,待执行到中断子程序中的 IRET 指令时,返回原断点,继续执行原来的程序。

中断程序从它唯一的中断指针开始,到第 1 条 IRET 指令结束。中断程序应放在 FEND 指令之后,IRET 指令只能在中断程序中使用。特殊辅助继电器 M805△(△=0~8)为 ON 时,禁止执行相应的中断 I△□□(□□是与中断有关的数字)。M8059 为 ON 时,关闭所有的计数器中断。如果有多个中断信号依次发出,则优先级按发生的先后为序,发生越早的优先级越高。若同时发生多个中断信号,则中断指针号小的优先。执行一个中断子程序时,其他中断被禁止,在中断子程序中编入 EI 和 DI,可实现双重中断,只允许 2 级中断嵌套。如果中断信号在禁止中断区间出现,该中断信号被储存,并在 EI 指令之后响应该中断。不需要关闭中断时,只使用 EI 指令,可以不使用 DI 指令。

中断输入信号的脉冲宽度应大于 0.2ms,选择了输入中断时,其硬件输入滤波器自动地复位为 0.05ms(通常为 10ms)。

直接高速输入可用于"捕获"窄脉冲信号。FX 系列 PLC 需要用 EI 指令来激活 X000~X005 脉冲捕获功能,捕获的脉冲状态存放在 M8170~M8175 中。接收到脉冲后,相应的特殊辅助继电器 M 变为 ON,可用捕获的脉冲来触发某些操作。如果输入元件已用于其他高速功能,脉冲捕获功能将被禁止。

(4)主程序结束指令(FNC06):主程序结束指令 FEND(First End)无操作数,占用一个程序步,表示主程序结束和子程序区的开始。执行到 FEND 指令时 PLC 进行输入输出处理、监控定时器刷新,完成后返回第 0 步。子程序(包括中断子程序)应放在 FEND 指令之后。CALL 指令调用的子程序必须用 SRET 指令结束,中断程序必须以 IRET 指令结束。

若 FEND 指令在 CALL 指令执行之后和 SRET 指令执行之前出现,则程序出错。另一个类似的错误是 FEND 指令出现在 FOR-NEXT 循环之中。使用多条 FEND 指令时,中断程序应放在最后的 FEND 指令和 END 指令之间。

(5)监控定时器指令(FNC07):监控定时器指令(Watch Dog Timer,WDT)无操作数,占用一个程序步。监控定时器又称看门狗,在执行 FEND 和 END 指令时,监控定时器被刷新(复位),PLC 正常工作时扫描周期(从 0 步到 FEND 或 END 指令的执行时间)小于它的定时时间。如果强烈的外部干扰使 PLC 偏离正常的程序执行路线,监控定时器不再被复位,定时时间到时,PLC 将停止运行,它上面的 CPU-E 发光二极管亮。监控定时器定时时间的默认值为 200 ms,可通过修改 D8000 来设定它的定时时间。如果扫描周期大于它的定时时间,可将 WDT 指令插入到合适的程序步中刷新监控定时器。如果 FOR-NEXT 循环程序的执行时间可能超过监控定时器的定时时间,可将 WDT 指令插入到循环程序中。条件跳步指令 CJ 若在它对应的指针之后(即程序往回跳),可能因连续反复跳步使它们之间的程序被反复执行,总的执行时间可能超过监控定时器的定时时间,为了避免出现这样的情况,可在 CJ 指令和对应的指针之间插入 WDT 指令。

(6)循环指令:FOR(FNC08)指令用来表示循环区的起点,它的源操作数用来表示循环次数 $N(N=1\sim32767)$,可以取任意的数据格式。如果 N 为负数,当作 $N=1$ 处理。循环可嵌套 5 层。

NEXT(FNC09)是循环区终点指令,无操作数。

FOR 与 NEXT 之间的程序被反复执行,执行次数由 FOR 指令的源操作数设定,执行完后,执行 NEXT 后面的指令。

在图 5-17 中,外层循环程序 A 嵌套了内层循环 B,循环 A 执行 5 次,每执行一次循环 A,就要执行 10 次循环 B,因此循环 B 一共要执行 50 次。利用循环中的 CJ 指令可跳出 FOR-NEXT 之间的循环区。

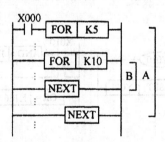

图 5-17 循环指令应用

FOR 与 NEXT 指令总是成对使用的,FOR 指令应放在 NEXT 的前面,如果没有满足上述条件,或 NEXT 指令放在 FEND 和 END 指令的后面,都会出错。如果执行 FOR-NEXT 循环的时间太长,应注意扫描周期是否会超过监控定时器的设定时间。

2. 比较指令与传送指令

(1)比较指令:包括比较(Compare,CMP)和区间比较(Zone Compare,ZCP),比较结果用目标元件的状态来表示。待比较的源操作数[S1]、[S2]和[S3](CMP 只有 2 个源操作数)可取任意的数据格式;目标操作数[D]可取 Y、M 和 S,占用连续的 3 个元件。

比较指令 CMP(FNC10)的比较源操作数为[S1]和[S2],比较的结果送到目标操作数[D]中去,图 5-18(a)中的比较指令将十进制常数 100 与计数器 C10 的当前值比较,比较结果送到 M0～M2。X001 为 OFF 时不进行比较,M0～M2 的状态保持不变。X001 为 ON 时进行比较。如果比较结果为[S1]>[S2],M0 为 ON;若[S1]=[S2],M1 为 ON;若[S1]<[S2],M2 为 ON。指定的元件种类或元件号超出允许范围时将会出错。

区间比较指令的助记符为 ZCP(FNC11)。执行 ZCP 指令,将[S]的当前值与源常数[S1]和[S2]相比较,比较结果送到目标操作数[D],数据[S1]不能大于[S2]。图 5-18(b)中的 X002 为 ON 时,将 T3 的当前值与 K100 和 K150 进行比较,T3 的当前值小于 100 时,M3 为 ON;100≤T3 的当前值≤150 时,M4 为 ON;T3 的当前值大于 150 时,M5 为 ON。

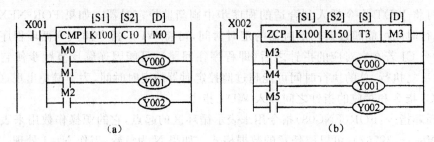

图 5-18 比较指令与区间比较指令应用

(2)触点型比较指令(FNC224～FNC246):触点型比较指令相当于一个触点,执行时比较源操作数[S1]和[S2],满足比较条件则触点闭合,源操作数可取所有的数据类型。以 LD 开始的触点型比较指令接在左侧母线上,以 AND 开始的触点型比较指令与别的触点或电路串联,以 OR 开始的触点型比较指令与别的触点或电路并联。各种触点型比较指令的助记符和意义可参考相应手册。图 5-19(a)中 C10 的当前值等于 20 时,Y010 被驱动,D200 的值大于 30 且 X000 为 ON 时,Y011 被 SET 指令置位。图 5-19(b)中 M27 为 ON 或 C20 的值为 146 时,M50 的线圈通电。

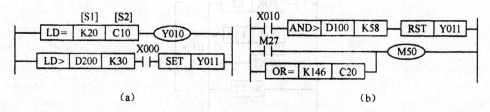

图 5-19 触点型比较指令

(3)传送指令(FNC12～FNC17):包括传送(Move,MOV)、BCD 码移位传送(Shift Move,SMOV)、取反传送(Complement,CML)、数据块传送(Block Move,BMOV)、多点传送(Fill Move,FMOV)和数据交换(Exchange,XCH)指令。MOV 和 CML 指令的源操作数可取所有的数据类型,SMOV 指令可取除 K、H 以外的其他类型的操作数。它们的目标操作数可取 K_nY、K_nM、K_nS、T、C、D、V 和 Z。

传送指令 MOV(FNC12)的功能是将源数据传送到指定目标。

移位传送指令 SMOV(FNC13)是将 4 位十进制(Decimal)源数据[S]中指定位数的数据,传送到 4 位十进制目的操作数中指定的位置。

取反传送指令 CML(FNC14)将源元件中的数据按位取反(1→0,0→1),并传送到指定目标。

块传送指令 BMOV(FNC15)的源操作数可取 K_nX, K_nY, K_nM, K_nS, T, C, D, V, Z 和文件寄存器,目标操作数可取 K_nY, K_nM, K_nS, T, C, D, V, Z 和文件寄存器。该指令将源操作数指定的元件开始的 n 个数据组成的数据块传送到指定的目标,n 可取 K、H 和 D。如果元件号超出允许的范围,数据仅传送到允许的范围。传送顺序是自动决定的,以防止源数据块与目标数据块重叠时源数据在传送过程中被改写。

多点传送指令 FMOV(FNC16)将单个元件中的数据传送到指定目标地址开始的 n($n \leqslant 512$)个元件中,传送后 n 个元件中的数据完全相同。多点传送指令的源操作数可取所有的数据类型,目标操作数可取 K_nY, K_nM, K_nS, T, C, D, V 和 Z。

执行数据交换指令 XCH(FNC17)时,数据在指定的目标元件之间交换,数据交换指令一般采用脉冲执行方式,否则在每一个扫描周期都要交换一次。

(4)数据变换指令:包括二进制数转换成 BCD 码并传送(Binary Codeto Decimal, BCD)和 BCD 码转换为二进制数并传送(Binary, BIN)指令。它们的源操作数可取 K_nX, K_nY, K_nM, K_nS, T, C, D, V 和 Z,目标操作数可取 K_nY, K_nM, K_nS, T, C, D, V 和 Z。

BCD 变换指令(FNC18)将源元件中的二进制数转换为 BCD 码并送到目标元件中。如果执行的结果超过 $0 \sim 9999$,或双字的执行结果超过 $0 \sim 99999999$,将会出错。PLC 内部的算术运算用二进制数进行,可以用 BCD 指令将二进制数变换为 BIN 数后输出到 7 段显示器。M8032 为 ON 时,双字将被转换成科学计数法格式。

BIN 变换指令(FNC19)将源元件中的 BCD 码转换为二进制数后送到目标元件中。可以用 BIN 指令将 BCD 数字拨码开关提供的设定值输入到 PLC,如果源元件中的数据不是 BCD 数,将会出错。M8032 为 ON 时,将科学计数法格式的数转换为浮点数。

3. 算术运算与字逻辑运算指令

(1)算术运算指令:包括加(Addition, ADD),减(Snbtraction, SUB),乘(Multiplication, MUL),除(Division, DIV)(二进制加、减、乘、除)指令,源操作数可取所有的数据类型,目标操作数可取 K_nY, K_nM, K_nS, T, C, D, V 和 Z。但 32 位乘和除指令中 V 和 Z 不能用作目标操作数。每个数据的最高位为符号位(0 为正,1 为负),所有的运算均为代数运算。在 32 位运算中被指定的字编程元件为低位字,下一个字编程元件为高位字。为了避免错误,建议指定操作元件时采用偶数元件号。如果目标元件与源元件相同,为避免每个扫描周期都执行一次指令,应采用脉冲执行方式。

如果运算结果为 0,则零标志 M8020 置 1;运算结果超过 32767(16 位运算)或 2147483647(32 位运算),进位标志 M8022 置 1;运算结果小于 -32768(16 位运算)或 -2147483648(32 位运算),借位标志 M8021 置 1。如果目标操作数(如 K_nM)的位数小于运算结果,将只保存运算结果的低位。例如运算结果为二进制数 11001(十进制数 25),指定的目标操作数为 K1Y4(由 Y4~Y7 组成的 4 位二进制数),实际上只能保存低位的二进制数 1001(十进制数 9)。

令 M8023 为 ON,可用算术运算指令进行 32 位浮点数运算。

加法指令 ADD(FNC20)将源元件中的二进制数相加,结果送到指定的目标元件。

减法指令 SUB(FNC21)将[S1]指定的元件中的数减去[S2]指定的元件中的数,结果送到[P]指定的目标元件。

乘法指令 MUL(FNC22)将源元件中的二进制数相乘,结果送到指定的目标元件。二进制 16 位数相乘,其结果为 32 位,32 位乘法的结果为 64 位。目标位元件(如 K_nM)的位数如果小于运算结果的位数,只保存结果的低位。

除法指令 DIV(FNC23)用[S1]除以[S2],商送到目标元件[D],余数送到[D]的下一个元件。若除数为 0 则出错,不执行该指令。若位元件被指定为目标元件,不能获得余数,商和余数的最高位为符号位。

加 1 指令(Increment,INC,FNC24)和减 1 指令(Decrement,DEC,FNC25)的操作数均可取 K_nY、K_nM、K_nS、T、C、D、V 和 Z。它们不影响零标志、借位标志和进位标志。

(2)字逻辑运算指令:包括字逻辑与(WAND,FNC26)、字逻辑或(WOR,FNC27)、字逻辑异或(Excusive OR,WXOR,FNC28)和求补(Negation,NEG,FNC29)指令。它们的[S1]和[S2]可取所有的数据类型,目标操作数可取 K_nY、K_nM、K_nS、T、C、D、V 和 Z。这些指令以位(bit)为单位做相应的运算。XOR 指令与求反指令(CML)组合使用可以实现"异或非"运算。

求补(NEG)指令只有目标操作数。它将[D]指定的数的每一位取反后再加 1,结果存于同一元件,求补指令实际上是绝对值不变的变号操作。FX 系列 PLC 的负数用 2 的补码的形式来表示,最高位为符号位,正数时该位为 0,负数时该位为 1,将负数求补后得到它的绝对值。

4. 循环移位与移位指令

(1)循环移位指令:包括右循环移位指令(Rotation Right,ROR,FNC30)和左循环移位指令(Rotation Left,ROL,FNC31),它们只有目标操作数,可取 K_nY、K_nM、K_nS、T、C、D、V 和 Z。

执行这两条指令时,各位的数据向右(或向左)循环移动 n 位(n 为常数),16 位指令和 32 位指令中 n 应分别小于 16 和 32,每次移出来的那一位同时存入进位标志 M8022 中。带进位的右循环移位指令(Rotation Rightwith Carry,RCR,FNC32)和带进位的左循环移位指令(Rotation Leftwith Carry,RCL,FNC33)的目标操作数、程序步数和 n 的取值范围与循环移位指令相同。执行这两条指令时,各位的数据与进位 M8022 一起(16 位指令时一共 17位)向右(或向左)循环移动 n 位。在循环中移出的位送入进位标志,后者又被送回目标操作数的另一端。

(2)移位指令:包括位右移(Shift Right,SFTR,FNC34)与位左移(Shift Left,SFTL,FNC35)指令。它们使位元件中的状态成组地向右或向左移动,由 n_1 指定位元件组的长度,n_2 指定移动的位数,常数 $n_2 \leqslant n_1 \leqslant 1024$。

字右移(Word Shift Right,WSBTE,FNC36)、字左移(Word Shift Left,WSFL,FNC37)指令将 n_1 个字成组地右移或左移 n_2 个字($n_2 \leqslant n_1 \leqslant 512$)。移位寄存器又称为先入先出(First In First Out,FIFO)堆栈,堆栈的长度范围为 2~512 个字。移位寄存器写入指令(Shift Register Write,SFWR)和移位寄存器读出指令(Shift Register Read,SBTED)用于 FIFO 堆栈的读写,先写入的数据先读出。

5. 数据处理指令

(1)区间复位指令(Zone Reset,ZRST,FNC40):区间复位指令将[D1]、[D2]指定的元件号范围内的同类元件成批复位,目标操作数可取 T、C 和 D(字元件)或 Y、M、S(位元件)。[D1]和[D2]设定的应为同一类元件,[D1]的元件号应小于[D2]的元件号,若大于[D2]的元件号,则只有[D1]指定的元件被复位。虽然 ZRST 指令是 16 位处理指令,[D1]和[D2]也可以指定 32 位计数器。

（2）译码与编码指令：译码指令（Decode，DECO，FNC41），有脉冲和连续两种形式，有 16 位运算和 32 位运算。当[D]指定的目标元件是 T、C、D 等字元件时，应使目标元件的每一位都受控；当[D]指定的目标元件是 Y、M、S 等位元件时，应使 $n \leqslant 8$，$n = 0$ 时，不作处理。当[D]指定的元件是位元件时，该指令会占用大量的位元件，$n = 8$ 时则占用点数为 $2^8 = 256$ 点，应注意不要重复使用这些元件。X004 为 ON 时，DECO 指令执行；X004 为 OFF 时，指令不执行。图 5-20 中的源操作数 X002~X000 组成的二进制数为 3，该指令将目标操作数 M10~M17（共 8 位）中 M10 左边的第 3 个元件（M13）置 1，其余各位置 0。

编码指令（Encode，ENCO，FNC42）的使用说明见图 5-20。若[S]为位元件，则应使 $n \leqslant 8$；若[S]为字元件，则应使 $n \leqslant 4$。若[S]中有多个位为 1，则只有高位有效，忽略低位；如果[S]全为 0，则运算出错。$n = 0$，不作处理。当[D]和[S]指定的元件是位元件且 $n = 8$ 时，占用点数为 256。图 5-20 中 X005 为 ON 时，ENCO 指令执行，X005 为 OFF 时，指令不执行。编码输出中被置 1 的元件，即使在执行条件变为 OFF 后仍保持其状态到下一次执行该指令。源操作数 M20~M27（共 8 位）中为 ON 的最高位的位数（二进制）存放在目标元件 D10 的第 3 位中。

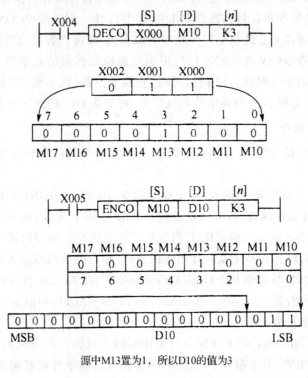

源中M13置为1，所以D10的值为3

图 5-20　编码指令 ENCO 的使用说明

（3）求置 ON 位总数与 ON 位判别指令：位元件的值为 1 时称为 ON，求置 ON 位总数指令（SUM，FNC43）统计源操作数中为 ON 的位的个数，并将它送入目标操作数。ON 位判别指令（Bit ON Check，BON，FNC44）用来检测指定元件中的指定位是否为 ON。若为 ON，则位目标操作数变为 ON，目标元件是源操作数中指定位的状态的镜像。

(4)几种常用运算指令(图 5-21):平均值指令(MEAN,FNC45)用于求 1～64 个源操作数的代数和被 n 除的商,略去余数。二进制平方根指令(Square Root,SQR,FNC48)的源操作数[S]应大于零,可取 K、H 和 D,目标操作数为 D。X002 为 ON 时,将存放在 D45 中的数开平方,结果存放在 D123 内。计算结果舍去小数,只取整数。M8003 为 ON 时,将对 32 位浮点数开方,结果为浮点数。源操作数为整数时,将自动转换为浮点数。若源操作数为负数,运算错误标志 M8067 会为 ON。

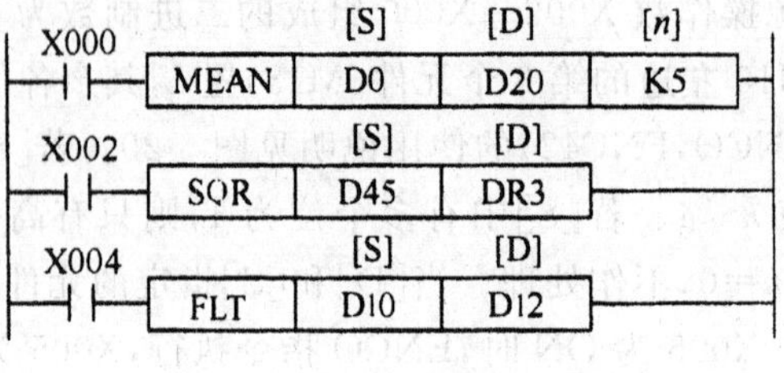

图 5-21 几种常用运算指令

浮点数转换指令(Floating Point,FLT,FNC49)的源操作数和目标操作数均为 D。X004 为 ON,且 M8023(浮点数标志)为 OFF 时,该指令将存放在源操作数 D10 中的数据转换为浮点数,并将结果存放在目标寄存器 D13 和 D12 中。M8023 为 ON 时,将把浮点数转换为整数。用于存放浮点数的目标操作数应为双整数,源操作数可以是整数或双整数。

高低字节交换指令(SWAP,FNC147)用于交换源操作数的高字节和低字节。一个 16 位的字由两个 8 位的字节组成。16 位运算时,直接交换高、低字节;32 位运算时,如指定的源操作数为 D20,先交换 D20 的高字节和低字节,再交换 D21 的高字节和低字节。

6. 高速处理指令

高速处理指令包括与输入/输出有关的指令、高速计数器指令和速度检测与脉冲输出指令 3 类。

(1)输入/输出有关的指令:输入/输出刷新指令(ReBT Eesh,REF,FNC50)的目标操作数[D]用来指定目标元件的首位,应取最低位为 0 的 X 和 Y 元件,如 X000、X010、Y020 等,被刷新的点数 n 应为 8 的整数倍。REF 指令用于在某段程序处理时读入最新信息,或将操作结果立即输出。I/O 元件被刷新时有很短的延迟,输入的延迟与输入滤波器的设置有关。

刷新和滤波时间常数调整指令(ReBT Eeshand Filter Adjust,REFF,FNC51)用来刷新 FX1S 和 FX1N 系列的 X000～X007,或 FX2N 的 X000～X017,并指定它们的输入滤波时间常数 n($n=0～60$,单位为毫秒)。

矩阵输入指令(Matrix,MTR,FNC52)用连续的 8 点输入与连续的 n 点晶体管输出组成 n 行 8 列的输入矩阵,用来输入 $n×8$ 个开关量信号。指令处理时间为($n×20$)ms。如果用高速输入 X0～X17 作输入点,则读入时间减半。

(2)高速计数器指令:高速计数器(C235～C255)用来对外部输入的高速脉冲计数,高速计数器比较置位指令(Set by High Speed Counter,HSCS)和高速计数器比较复位指令(Reset by High Canter,HSCR)均为 32 位运算。源操作数[S1]可取所有的数据类型,[S2]为 C235～C255,目标操作数可取 Y、M 和 S。一般用 M8000 的动合触点驱动高速计数器指令。

高速计数器比较置位指令 HSCS(FNC53)和高速计数器比较复位指令 HSCR(FNC54)

在高速计数器的当前值达到预设值时,[D]指定的输出用中断方式立即动作。

高速计数器区间比较指令(Zone Compare for High Speed Counter,HSZ,FNC55)有 3 种工作模式,即标准模式、多段比较模式和频率控制模式,具体使用方法可参阅 FX 系列的编程手册。

(3)速度检测与脉冲输出指令。速度检测指令(Speed Detect,SPD,FNC56)用来检测在给定时间内从编码器输入的脉冲个数,并计算出速度。

脉冲输出指令(Pulse Output,PLSY,FNC57)的源操作数[S1]和[S2]可取所有的数据类型,[D]为 Y001 和 Y002,该指令只能使用一次。

PLSY 指令用于产生指定数量和频率的脉冲。[S1]指定脉冲频率(2~20000 Hz),[S2]指定脉冲个数,16 位指令的脉冲数范围为 1~32767,32 位指令的脉冲数范围为 1~2147483647。若指定脉冲数为 0,则持续产生脉冲。[D]用来指定脉冲输出元件(只能用晶体管输出型 PLC 的 Y000 或 Y001)。脉冲的占空比为 50%,以中断方式输出。指定脉冲数输出完后,指令执行完成标志 M8029 置 1。Y000 或 Y001 输出的脉冲个数可分别通过 D8140、D8141 或 D8142、D8143 监视,脉冲输出的总数可用 D8136、D8137 监视。[S1]和[S2]中的数据在指令执行过程中可以改变,但[S2]中数据的改变在指令执行完之前不起作用。

脉宽调制指令(Pulse Width Modulation,PWM,FNC58)的源操作数和目标操作数的类型与 PLSY 指令相同,只能用于晶体管输出型 PLC 的 Y000 或 Y001,该指令只能使用一次。

PWM 指令用于产生指定脉冲宽度和周期的脉冲串。[S1]用来指定脉冲宽度($w=1\sim$ 32767ms),[S2]用来指定脉冲周期($T=1\sim32767$ms),[S1]应小于[S2],[D]来指定输出脉冲的元件号(Y000 或 Y001),输出的 ON/OFF 状态用中断方式控制。

带具有加减速功能的脉冲输出指令(PulseR,PLSR,FNC59)的源操作数和目标操作数的类型与 PLSY 指令相同,只能用于晶体管输出型 PLC 的 Y000 或 Y001,该指令只能使用一次。用户需要指定最高频率、总的输出脉冲、加减速时间和脉冲的输出元件号(Y000 或 Y001),加减速的变速次数固定为 10 次。

7. 方便指令

状态初始化指令(Intial State,IST,FNC60)与 STL 指令一起使用,用于自动设置多种工作方式的系统的顺序控制编程。

数据搜索指令(Data Search,SER,FNC61)用于在数据表中查找指定的数据,可提供搜索到的符合条件的值的个数、搜索到的第一个数据在表中的序号、搜索到的最后一个数据在表中的序号,和表中最大的数及最小的数的序号。

绝对值式凸轮顺控指令(Absolute Drum,ABSD,FNC62)在机械转轴上的编码器给 PLC 的计数器提供角度位置脉冲时,可产生一组对应于计数值变化的输出波形,用来控制最多 64 个输出变量(Y、M 和 S)的 OFF/ON。

增量式凸轮顺控指令(Increment Drum,INCD,FNC63)根据计数器对位置脉冲的计数值,实现对最多 64 个输出变量(Y、M 和 S)的循环顺序控制,使它们依次为 ON,并且同时只有一个输出变量为 ON。

示教定时器指令(Teaching Timer,TTMR,FNC64)的目标操作数[D]为 D,$n=0\sim2$。使用该指令可以用一只按钮调整定时器的设定时间。

特殊定时器指令(Special Timer,STMR,FNC65)的源操作数[S]为 T0~T199(100ms

定时器),目标操作数则可取 Y、M 和 S,$n=1\sim32767$,只有 16 位运算。特殊定时器指令用来产生延时断开定时器、单脉冲定时器和闪动定时器。n 用来指定定时器的设定值。

交替输出指令(Alternate,ALT,FNC66)的目标操作数[D]取 Y、M 和 S。若使用脉冲方式,控制接点由 OFF 变为 ON 时,此指令的目标操作数的状态就改变一次,若不用脉冲执行方式,每个扫描周期目标操作数的状态都要改变一次。

斜坡信号输出指令(RAMP,FNC67)与模拟量输出结合可实现软启动和软停止。设置好斜坡输出信号的初始值和最终值后,执行该指令时输出数据由初始值逐渐变为最终值,变化的全过程所需的时间用扫描周期的个数来设置。

旋转工作台控制指令(ROTC,FNC68)使工作台上被指定的工件以最短的路径转到出口位置。

数据排序指令(SORT,FNC69)将数据按指定的要求以从小到大的顺序重新排列。

8. 外部 I/O 设备指令

(1)数据输入指令:10 键输入指令(TenKey,TKY,FNC70)的源操作数可取 X、Y、M 和 S,目标操作数[D]可取 K_nY、K_nM、K_nS、TC、D、V 和 Z,[D2]可取 Y、M 和 S,该指令只能使用一次。

图 5-22(a)是输入键盘与 PLC 的连接,图 5-22(b)是动作时序。图中用 X000 作首元件,10 个键接在 X000~X011 上。以 1、2、3 和 4 的顺序按数字键 X002、X001、X003 和 X000,则[D]中存入数据 2130。若送入的数大于 9999,高位数溢出并丢失,数据以二进制形尤存于 D0。使用 32 位指令(D)TKY 时,D1 和 D2 组合使用,输入的数据大于 99999999 时,高位数据溢出。

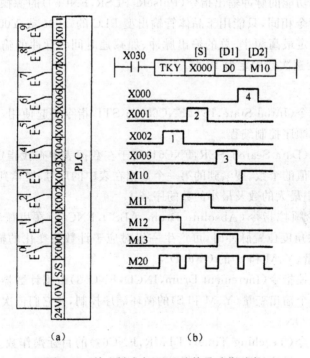

(a)　　　　　　(b)

图 5-22　输入键盘与 PLC 连接及动作时序

因为指定[D2]为 M10,按下 X002 后,M12 置 1 至另一键被按下,其他键也一样,M10～M19 的动作对应于 X000～X011。任一键按下,键信号标志 M20 置 1,直到该键放开。两个或更多的键按下时,最先按下的键有效。X030 变为 OFF 时,M 中的数据保持不变,但 M10～M20 全部变为 OFF。

16 键输入指令(Hex Decimal Key,HKY,FNC71)用矩阵方式排列的 16 个键来输入 BCD 码数字或 6 个功能键的状态,占用 PLC 的 4 个输入点和 4 个输出点。扫描全部 16 个键需要 8 个扫描周期。

数字开关指令(Digital Switch,DSW,FNC72)用于读入 1 组或 2 组 4 位 BCD 码数字拨码开关的设置值,占用 PLC 的 4 个或 8 个输入点和 4 个输出点。

(2)数字译码输出指令:7 段译码指令(Seven Segment Decode,SEGD,FNC73)将源操作数指定的元件的低 4 位中的十六进制数(0～F)译码后送给 7 段显示器显示,译码信号存于目标操作数指定的元件中,输出时要占用 7 个输出点。

带锁存的 7 段显示指令(Seven Segment with Latch,SEGL,FNC74)用 12 个扫描周期显示 1 组或 2 组 4 位数据,占用 8 个或 12 个晶体管输出点。

方向开关(Arrow Switch,ARSW,FNC75)用方向开关(4 只按钮)来输入 4 位 BCD 码数据,输入的数据用带锁存的 7 段显示器来显示。输入数据时用左移、右移开关来移动要修改和显示的位,用加、减开关增减该位的数据。该指令占用 4 个输入点和 8 个输出点。

(3)其他指令:ASCII 码转换指令(ASCII Code,ASC,FNC76)将最多 8 个字符转换为 ASCII 码,并存放在指定的元件中。

ASCII 码打印指令(Print,PR,FNC77),用于 ASCII 码的打印输出。PR 指令和 ASC 指令配合使用,可以用外部显示单元显示出错信息等。

读特殊功能模块指令(FROM,FNC78)的目标操作数为 K_nY,K_nM,K_nS,T,CD,V 和 Z。图 5-23 中的 X003 为 ON 时将编号为[m1](0～7)的特殊功能模块内编号为[m2](0～32767)开始的 n 个缓冲寄存器的数据读入 PLC,并存入[D]开始的 n 个数据寄存器中。接在 FX 系列 PLC 基本单元右边扩展总线上的功能模块,从最靠基本单元的那个开始,其编号依次为 0～7。n 是待传送数据的字数,$n=1～32$(16 位操作)或 1～16(32 位操作)。

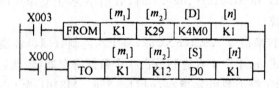

图 5-23　读/写特殊功能模块指令

写特殊功能模块指令 TO(FNC79)的源操作数可取所有的数据类型,[m1]、[m2]、[n] 取值范围与读特殊功能模块指令相同。图 5-22 中的 X000 为 ON 时,将 PLC 基本单元中从 [S]指定的元件开始的 n 个字的数据写到编号为[m1]的特殊功能模块中从编号[m2]开始 的 n 个缓冲寄存器中。M8028 为 ON 时,在 FROM 和 TO 指令执行过程中禁止中断;在此 期间发生的中断在 FROM 和 TO 指令执行完后执行。M8028 为 OFF 时,在 FROM 和 TO 指令执行过程中则允许中断。

9. FX 系列外部设备指令

FX 系列外部设备指令(FNC80～FNC89)包括与串行通信有关的指令、模拟量功能扩展板处理指令和 PID 运算指令。

(1)与串行通信有关的指令:串行通信指令 RS(RS-232C,FNC80)的源操作数和目标操作数为 D、[m]和[n]。该指令是通信用的功能扩展板发送和接收串行数据的指令。[S]、[m]用来指定发送数据缓冲区的首地址和数据寄存器的个数,[D]、[n]用来指定接收数据缓冲区的首地址和数据寄存器的个数,如图 5-24 所示。数据的传送格式(如数据位数、奇偶校验位、停止位、波特率、是否有调制解调等)可以用初始化脉冲和 MOV 指令写入串行通信用的特殊数据寄存器 D8120,具体的使用方法参阅编程手册。

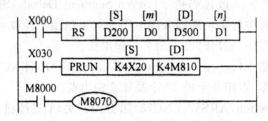

图 5-24　通信指令与并联运行指令

并联运行指令(Parallel Run,PRUN,FNC81)的源操作数可取 K_nX、K_nM,目标操作数可取 K_nY、K_nM,$n=1～8$,指定元件号的最低位为 0。PRUN 指令用于控制 FX 的并行链接通器 FX2-40AW/AP,将源数据传送到位发送区,并行链接通信用特殊 M 标志控制。当两台 FX 系列 PLC 已经"链接",并且分别设置了主站标志(M8070 ON)和从站标志(M8071 ON),并行链接通信将自动进行,从站不需要为通信使用 PRUN 指令。主站和从站中应分别用 M8000 的动合触点驱动 M8070 和 M8071 的线圈,该指令只能链接两台相同型号的 FX 系列 PLC。一旦设置了站标志,它们只能在 PLC 进入 STOP 模式或上电时被清除。

PRUN 将数据送入位发送区或从位接收区读出。传送时位元件的地址为八进制数,这意味着用 PRUN 指令将 16 个输入点 K4X20(X020～X027 和 X030～X037)送给发送缓冲区中的 M8010～M8017 和 M8020～M8027 时,数据不会写入 M8018 和 M8019,因为它们不属于八进制计数系统。

HEX→ASCII 码转换指令 ASCI(FNC82)将十六进制数(顺)转换为 ASCII 码。M8161 为 OFF 时为 16 位模式,每 4 个十六进制数占 1 个数据寄存器,转换后每 2 个 ASCII 码占 1 个数据寄存器,转换的字符个数由 n 指定,$n=1～256$。M8161 为 ON 时指令为 8 位模式,转换后的每一个 ASCII 码传送给目标操作数的低 8 位,其高 8 位为 0。

ASCII→HEX 转换指令 HEX(FNC83)将最多 256 个 ASCII 码转换为 4 位 HEX 数,每 2 个 ASCII 码占 1 个数据寄存器,每 4 个 ASCII 码转换后的 HEX 占 1 个数据寄存器。M8161 为 ON 时为 8 位模式,只转换源操作数低字节中的 ASCII 码。

校验码指令(Check Code,CCD,FNC84)与串行通信指令 RS 配合使用,将[S]指定的字节堆栈中最多 256 字节的 8 位二进制数据分别求和与"异或"(异或又称为垂直奇偶校验),将累加和存入目标操作数[D],异或值存入[D]+1 中。通信时可将求和与异或的结果随同数据发送出去,对方收到后对接收到的数据也做同样的求和与异或运算,并判别接收到的求和与异或的结果是否等于求出的结果,如不等则说明数据传送出错。

(2)FX-8AV 模拟量功能扩展板处理指令:FX-8AV 模拟量功能扩展板读出指令(Variable Resister Read,VRRD,FNC85)的源操作数[S]为常数 0~7,用来指定模拟量的编号,目标操作数可取 K_nY、K_nM、K_nS、T、C、D、V 和 Z。FX-8AV-BD 是内置式 8 位 8 路模拟量功能扩展板,板上有 8 个小型电位器,用 VRRD 指令读出的数据(0~255)与电位器的角度成正比。图 5-25(a)中的 X000 为 ON 时,读出 0 号模拟量的值([S]=0),送到 D0 后作为定时器 T0 的设定值。

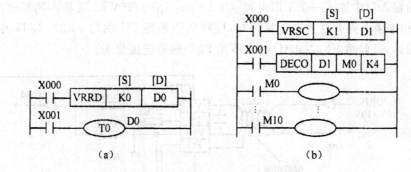

图 5-25 模拟量功能扩展板处理指令

FX-8AV 模拟量功能扩展板开关设定指令(Variable Resister Scale,VRSC,FNC86)的源操作数和目标操作数与模拟量功能扩展板读出指令的操作数一样。VRSC 指令将电位器读出的数四舍五入,整量化为 0~10 的整数值,存放在[D]中,这时电位器相当于一个有 11 挡的模拟开关。图 5-25(b)用模拟开关的输出值和解码指令 DECO 来控制 M0~M10,用户可以根据模拟开关的刻度 0~10 来分别控制 M0~M10 的 ON 或 OFF。

PID 回路运算指令(FNC88)用于模拟量闭环控制。PID 运算所需的参数存放在指令指定的数据区内。

第五节 PLC 特殊功能模块分析

在许多情况下,仅用 PLC 的 I/O 模块,还不能完全解决控制问题。因此,PLC 生产厂家开发了许多特殊功能模块。如模拟量输入模块、模拟量输出模块、高速计数模块、PID 过程控制调节模块、运动控制模块、通信模块等。将这些模块与 PLC 主机连接起来,可构成控制系统单元,使 PLC 的功能越来越强,应用范围越来越广。此处简单介绍 FX 系列 PLC 的几种常用的特殊功能模块的主要性能、电路连接及使用方法。

一、模拟量输入模块 FX2N-4AD

模拟量输入模块 FX2N-4AD 有 4 个输入通道,分别为通道 1(CH1)、通道 2(CH2)、通道 3(CH3)和通道 4(CH4)。各通道都可进行 A/D 转换,即将模拟量信号转换成数字量信号。FX2N-4AD 内部共有 32 个缓冲寄存器(BFM),用来与主机 FX2N 主单元 PLC 进行数据交换,每个缓冲寄存器的位数为 16 位。FX2N-4AD 占用 FX2N 扩展总线的 8 个点,这 8 个点可以是输入点或输出点。FX2N-4AD 消耗 FX2N 主单元或有源扩展单元 5V 电源槽 30mA 的电流。

外部模拟输入要通过双绞屏蔽电缆输入至 FX2N-4AD 各个通道中,FX2N-4AD 与 FX2N 系列 PLC 主机通过扩展电缆连接,各个通道的外部连接电路则根据外界输入的电压或电流量的不同而有所不同。如图 5-26 所示,若输入是电压且有波动或有外部电磁干扰,可在模块的输入口中加入一个平滑电容[(0.1~0.47μF)/25V]。若输入的是电流,则需把 V+和 I-相连接。如有过多的干扰存在,应将机壳的地 FG 端与 FX2N-4AD 的接地端相连。可能的话,最好将 FX2N-4AD 与主单元 PLC 的地连接起来。

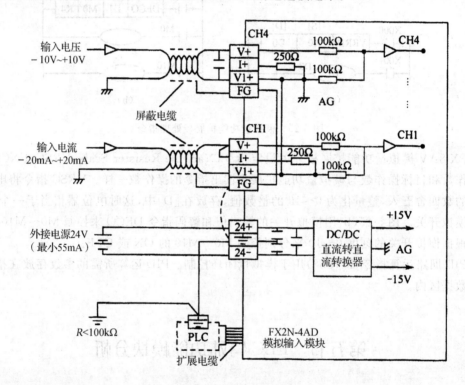

图 5-26　FX2N-4AD 外部连线

接在 FX2N 本单元右边的扩展总线上的特殊功能模块(如 FX2N-4DA,FX2N-1HC 等),从最靠近基本单元的那一个开始顺次编号为 0~7 号,最多可使用 8 个特殊功能模块。FX2N-4DA 与 PLC 主单元的环境要求一致。外接输入电源为 24V±2.4V,电流为 55 mA。增益与偏移是使用 FX2N-4AD 要设定的两个重要参数,可使用 PLC 输入终端上的下压按钮开关来调整 FX2N-4AD 的增益与偏移,也可以通过 PLC 的软件进行调整。FX2N-4AD 通过 FORM 和 TO 指令与 PLC 主机进行数据交换。FORM 是基本单元从 FX2N-4AD 读数据的指令,TO 是从基本单元将数据写到 FX2N-4AD 的指令。实际上读/写操作都是对 FX2N-4AD 的缓冲寄存器 BFM 进行的。这一缓冲寄存器区由 32 个 16 位的寄存器组成,编号为 BFM♯0~♯31。

在 BFM♯0 中写入十六进制 4 位数字进行 A/D 模块通道初始化,最低位数字控制 CH1,最高位控制 CH4,各位数字的含义如下。

X＝0 时,设定输入范围为－10V～＋10V;X＝1 时,设定输入范围为＋4mA～＋20mA;X＝2时,设定输入范围为－20mA～＋20mA;X＝3 时,关闭通道。例如 BFM♯0＝H3310 则说明 CH1 设定输入范围为－10V～＋10V,CH2 设定输入范围为＋4mA～＋20mA, CH3、CH4 两通道关闭。

输入的当前值送到 BFM♯9～♯12,输入的平均值送到 BFM♯5～♯8。

各通道平均值取样次数分别由 BFM♯1～♯4 来指定。取样次数范围从 1～4096,若设定值超过该数值范围时,按默认设定值 8 次处理。

当 BFM♯20 被置 1 时,整个 FX2N-4AD 的设定值均恢复到默认设定值。这是快速地擦除零点和增益的非默认设定值的办法。

若 BFM♯21 的 b1、b0 分别置为 1、0,则增益和零点的设定值禁止改动。要改动零点和增益的设定值时必须令 b1、b0 的值分别为 0、1。此处的零点是指输出数字量为 0 时的输入值。增益是指数字输出为＋1000 时的输入值。

在 BFM♯23 和 BFM♯24 内的增益和零点设定值会被送到指定的输入通道的增益和零点寄存器中。需要调整的输入通道由 BFM♯22 的 G、O(增益-零点)位的状态来指定。例如,若 BFM♯22 的 G1、O1 位置 1,则 BFM♯23 和 BFM♯24 的设定值即可送入通道 1 的增益和零点寄存器。各通道的增益和零点既可统一调整,也可独立调整。

BFM♯23 和 BFM♯24 中设定值以 mV 或 μA 为单位,但受 FX2N-4AD 的分辨率的影响,其实际响应以 5mV/20μA 为步距。

BFM♯30 中存的是特殊功能模块的识别码,PLC 可用 FROM 指令读入。FX2N-4AD 的识别码为 K2010。用户程序中可以方便地利用这一识别码在传送数据前先确认该特殊功能模块。

BFM♯29 中各位的状态是 FX2N-4AD 运行正常与否的信息。例如,b2 为 OFF 时,表示 DC 24V 电源正常,b2 为 ON 时,则电源有故障。用 FROM 指令将其读入,即可做相应处理。有关 FX2N-4AD 特殊功能模块更为详细的信息请参阅有关使用手册。

图 5-27 是使用 FX2N-4AD 的梯形图。FX2N-4AD 处于特殊功能的 0 号位置,仅开通 CH1 和 CH2 两个通道作为电压量输入通道。计算平均值的取样次数定为 4 次,且由 PLC 的数据寄存器 D0 和 D1 接收这两个通道输入量的平均值数字量。

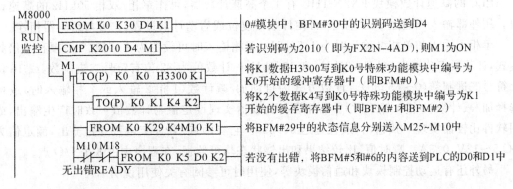

图 5-27　使用 FX2N-4AD 的梯形

二、模拟量输出模块 FX2N-4DA

模拟量输出模块 FX2N-4DA 有 4 个输出通道,分别为通道 1(CH1)、通道 2(CH2)、通道 3(CH3)和通道 4(CH4)。每一通道都可进行 D/A 转换,即将数字量转换成模拟量信号。FX2N-4DA 与 PLC 主机通过电缆相连接,一般连接到 FX2N 系列 PLC 主机、扩展单元或其他特殊功能模块的右边,按 0 号到 7 号的数字顺序连接到一个 PLC 上。FX2N-4DA 的外部接线及内部电路原理示意图如图 5-28 所示。图中模块与负载之间应使用双绞线屏蔽电缆,并远离干扰源,且输出电缆应使用单点接地,若有噪声或干扰,在屏蔽电缆间可并联一平滑电容器,电容为 $0.1\sim0.47\mu F$,耐压 25V。FX2N-4DA 与 PLC 的地应接在一起,电压输出端或电流输出端不能短接,否则会损坏 FX2N-4DA,供电电源电压为 DC 24V,电流为 200mA。

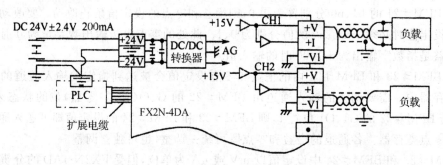

图 5-28　FX2N-4DA 外部接线及内部电路原理

三、高速计数模块 FX2N-1HC

PLC 中的计数器的最高工作频率受扫描周期的限制,一般仅有几万赫兹。在工业控制中,有时要求 PLC 有快速计数功能,计数脉冲可能来自旋转编码器、机械开关或电子开关。高速计数模块可以对几十千赫兹的脉冲计数,它们大多有一个或几个开关量输出点,计数器的当前值等于或大于预设值时,可通过中断程序及时地改变开关量输出的状态。这一过程与 PLC 的扫描过程无关,可以保证负载被及时驱动。

PLC 的高速计数模块 FX2N-1HC 有 1 个高速计数器,可作单相/双相 50kHz 的高速计数。用外部输入或通过 PLC 程序,可使计数器复位或启动计数过程,它可与编码器相连。

单相 1 输入和单相 2 输入时小于 50kHz,双相输入时可设置为 1 倍频、2 倍频和 4 倍频模式,计数频率分别为 50kHz、25kHz 和 12.5kHz。计数值为 32 位有符号二进制数,或 16 位无符号二进制数($0\sim65535$)。计数方式为自动加/减计数(1 相 2 输入或 2 相输入时)或可选择加/减计数(1 相 1 输入时)。可用硬件比较器实现设定值与计数值一致时产生输出,或用软件比较器实现一致输出(最大延迟 $200\mu s$)。它有两点 NPN 集电极开路输出,额定值为 DC $5\sim12V$,0.5A。瞬时值、比较结果和出错状态均可监视,在程序中占 8 个 I/O 点。

另外还有运动控制模块和通信模块等,使用时可参阅有关使用说明书。

第六节　编程软件与应用

PLC 产品多种多样,不同厂家甚至同一厂家不同系列的编程软件也不尽相同,本节以三菱 FX 系列 PLC 为例,介绍 FX-GP/WIN-C 和 GPP 这两种常用的编程软件的使用方法。

一、FX-GP/WIN-C 编程软件

1. FX-GP/WIN-C 简介

FX-GP/WIN-C 是三菱公司专为 FX 系列 CPU 设计的编程软件,大部分功能与 GX Developer 编程软件相同。FX-GP/WIN-C 编程软件的界面和帮助文件均已汉化,它占用的存储空间少,安装后仅稍大于 1MB,功能较强,且可在 Windows 操作系统中运行。FX-GP/WIN-C 软件具有以下功能。

(1)脱机编程:可以在计算机上通过专用软件采用梯形图、指令表及 SFC 来创建 PLC 程序。另外,编程后可进行语法检查、双线圈校验、电路检查,并提示错误步,以及对编程元件、程序块、线圈进行注释等操作。

(2)文件管理:对所编写的程序可作为文件进行保存,这些文件的管理与 Windows 中其他文件的管理完全一致,可进行复制、删除、重命名和打印等操作。

(3)程序传输:通过专用的电缆和接口,将计算机与 PLC 建立起通信连接后,可实现程序的读入与写出。

(4)运行监控:PLC 通过 RS-232 或其他端口与计算机建立通信后,计算机可对 PLC 进行监控,实时观察各编程元件 ON 或 OFF 的情况。

需要注意的是,使用 FX-GP/WIN-C 编程软件编辑的程序能够在 GX Developer 中运行,但是使用 GX Developer 编程软件编辑的程序并不都能在 FX-GP/WIN-C 编程软件中打开。另外,两者的步进指令(STL、RET)的表示方法不同,GX Developer 编程软件中新增了回路监视、软元件登录监视功能,CPU 诊断、网络诊断、CC-Link 诊断等诊断功能。FX-GP/WIN-C 编程软件在顺序程序中没有 END 命令,程序依然可以正常运行,而 GX Developer 在程序中强制插入 END 命令,否则不能运行。

2. 使用方法及步骤

FX-GP/WIN-C 软件的使用方法与 GX Developer 编程软件基本相似,下面介绍新文件的建立步骤。

第一步,启动 FXGP/WIN-C 软件。

第二步,单击 FXGP/WIN-C 的文件→新文件或使用快捷键 Ctrl+N,即可新建文件。

新建文件时要先进行 PLC 类型的设置,确认后进入梯形图设计窗口,利用浮动工具栏的图标工具可以输入元件进行梯形图设计,完成梯形图编程后保存。

由于该软件已经汉化,只要按照提示进行操作,即可顺利实现梯形图编程。其他工作按

菜单操作即可,使用非常方便。

二、GPP 编程软件

1. GPP 编程软件简介

SW3D5-GPPW-E 是三菱电气公司开发的用于 PLC 的编程软件,可在 Windows 3.1 及 Windows 95 下运行,适用于 IBMPC/AT(兼容),其 CPU 为 i486SX 或更高,内存需 8MB 或更高(推荐 16MB 以上)。在 GPP 软件中,可通过电路符号和助记符来创建顺序控制指令程序,建立注释数据及设置寄存器数据,并可将其存储为文件,用打印机打印。该程序可在串行系统中与 PLC 进行通信、文件传送、操作监控以及各种测试。通过 FX-232AWC 型 RS-232C/RS-422 转换器(便携式)或 FX-232AW 型 RS-232C/RS-422 转换器(内置式)接口单元及专用电缆线与 PC 连在一起。

2. 使用方法

GPP 软件使用起来灵活、简单、方便,有许多地方与前面软件类似,下面简单介绍其基本指令和调试方法。

(1)基本指令操作。软件安装之后运行,选中 MELSEC Applications→在 Windows 下运行的 GPP,打开工程,选中新建,出现建立新工程窗口,先在 PLC 系列中选 FXCPU 系列,如使用的是 FX2N 系列,在 PLC 类型中则选中 FX2N(C),确定后进入用户界面,设置工程后会在此窗口中显示编程区,最左边是根母线,蓝色框表示现在可写入区域,上方有菜单,只要单击其中的元件,即可得到所需要的线圈、触点等。

若要在某处输入 X000,只要把蓝色光标移动到你所需要写的地方,然后在菜单上选中触点按钮┤├,在文本框中输入 X000,即可完成 X000 的写入。同样,如要输入 1 个定时器,先选中线圈,再输入相应数据。对于计数器,因为它有时要用到 2 个输入端,所以在操作上既要输入线圈部分,又要输入复位部分。

梯形图中的导线、输出触点、定时器、计时器和辅助继电器等,均可在菜单上找到,但要注意输入相应元件的编号。

(2)传输和调试。完成程序梯形图后,一定注意写上 END 语句,因为必须进行程序转换后才能保存。转换功能键有两种,在窗口中的工具栏中可以找到,此处不再赘述。

在程序的转换过程中,如果程序有错,编程软件会给出提示,也可通过菜单"工具"查询程序的正确性。只有当梯形图转换完毕后才能进行程序的传送。传送前,必须将 FX2N 面板上的开关拨向 STOP 状态,再打开"在线"菜单,进行传送设置。从提示窗口可知,为实现数据的传送,还必须确定 PLC 与计算机的连接是通过 COM1 口还是 COM2 口,并进行相应的端口设置。

为完成梯形图的读/写,要在菜单上选择"在线",选中"写入 PLC(W)"后,按照提示,在执行读取及写入前必须先选中 MAIN、PLC 参数,即单击相应目录左边的方框,然后单击"开始执行";否则,将不能执行对程序的读取、写入。

第七节　PLC 控制系统设计简述

一、PLC 控制系统设计的基本原则

与其他电气控制系统一样，PLC 控制系统也是为了实现被控对象（生产设备或生产过程）的工艺要求，以提高生产效率和产品质量。因此，在设计 PLC 控制系统时，应遵循以下基本原则。

（1）必须满足被控对象的控制要求。设计前深入研究被控对象的动作循环，了解与机械装置的工作原理，拟定电气控制方案，与机械装置设计人员共同解决设计中出现的各种问题。

（2）在满足控制要求的前提下，力求控制系统简单、经济、实用、维修方便。

（3）要保证控制系统能够安全可靠地运行。

（4）要考虑生产发展和工艺改进，在选择 PLC 参数时，应适当留有余地。

二、PLC 控制系统设计的基本内容和一般步骤

1. PLC 控制系统设计的基本内容

PLC 控制系统是由 PLC 与用户输入、输出设备连接而成的。因此，PLC 控制系统设计包括以下基本内容。

（1）选择输入设备（按钮、操作开关、限位开关和传感器等）、输出设备（继电器、接触器和信号灯等执行元件）以及由输出设备驱动的控制对象（电动机、电磁阀等）。

（2）选择 PLC。PLC 是 PLC 控制系统的核心部件，正确选择 PLC，对确保整个控制系统的技术经济性能指标起着重要作用。选择 PLC 包括机型的选择、容量的选择、I/O 点数的选择、电源模块以及特殊功能模块的选择等。

（3）分配 I/O 接点。通过绘制电气元件连接图分配 I/O 接点，并要考虑具体的安全保护措施。

（4）编制控制程序。包括编制梯形图、语句表（即程序清单）或控制系统流程图。控制程序是实现控制系统正常工作的软件，是保证控制系统安全可靠工作的关键。控制程序一般要经过反复调试、修改，直到满足要求为止。

（5）有时候还需对控制台或控制柜进行结构设计。

（6）编写技术文件。包括说明书、电气图及电气元件明细表等。

继电器-接触器控制系统图一般包括电气原理图、电气元件布置图及电气元件安装图。在 PLC 控制系统中，这些图统称为"硬件图"。对于 PLC 控制系统，在其硬件图中要增加 PLC 部分，即在电气原理图中要增加 PLC 的输入、输出电气元件连接图（或称为 I/O 接口图）。此外，在 PLC 控制系统设计中，还要设计控制程序图（一般是梯形图），常称之为"软件

图"。有了"软件图",在技术革新或工艺改进时可方便地修改程序,有利于在维修时分析和排除故障。

2. PLC 控制系统的一般设计步骤

根据 PLC 控制系统的基本设计原则和设计内容,可归纳 PLC 控制系统的一般设计步骤,如图 5-29 所示。此图表明,在绘制 I/O 接口图之后,设计工作分为两部分,一是进行控制程序设计,二是进行硬件设计。一般情况下两者可同时进行。

在编制控制程序时,对于简单的控制系统,可以省略绘制程序流程图的步骤,直接编制梯形图。控制程序设计是很关键的步骤,设计内容比较复杂,必须充分重视。不仅要熟知控制要求,同时还要有一定的电气设计的实践经验。一般情况下,要根据梯形图例写指令表,把程序写入 PLC 的用户存储器中时,编程软件会自动检查程序是否正确,并对程序进行离线调试和修改,直到满足要求为止。

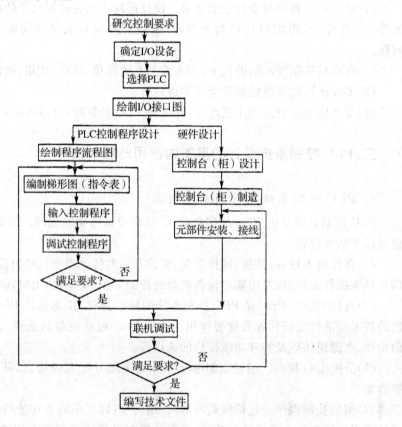

图 5-29 PLC 控制系统设计步骤

硬件安装工作包括控制台(柜)设计、制造,电气元部件安装、接线等。现场施工完成后,要进行联机调试,检查接线或修改程序,直到满足要求。最后要整理和编写技术文件,从而完成 PLC 控制系统的全部设计工作。

三、主回路与控制回路设计

在完成控制系统的总体规划(方案设计)后,可以进行控制系统的技术设计。技术设计是对系统进行的原理、安装、施工、调试和维修等方面的具体设计。技术设计必须认真、仔细,确保全部图样与技术文件的完整、准确、齐全、系统和统一,并贯彻国际、国内有关标准。

PLC 控制系统的技术设计,通常可以分为硬件设计与软件设计两大部分。第一阶段应首先完成系统的硬件设计。一般来说,PLC 控制系统硬件设计包括:控制系统主回路设计、控制回路设计和 PLC 输入/输出回路设计;控制柜、操纵台的机械结构设计;控制柜、操纵台的电器元件安装设计;电气连接设计等。

主回路、控制回路和 PLC 输入/输出回路的设计,属于电气控制原理设计的范畴,以电气原理图的形式体现设计思想与要求。电气原理图是系统软件设计、安装与连接设计、系统调试与维修的基础。电气原理图(也称为电路图)是所有电气控制系统最为重要的技术资料。电气原理图完整地体现了系统的设计思想与要求。系统中所使用的任何电器元件以及它们之间的连接要求、主要规格参数等,均应在电气原理图上得到全面、准确、系统的反映。

PLC 控制系统的"电气原理图"通常由主回路、控制回路和 PLC 输入/输出回路等部分组成。设计应遵循国际、国家或行业的标准与规范。

在国外,一般来说,除涉及安全性、可靠性的准则决不可违背外,对其他方面的要求(如图形符号、元器件代号等的表示方法)可能不尽相同,而且通常较灵活,因此,在阅读进口设备图纸时应注意区别。此外,有关电气原理图的具体绘制要求、读图方法等,请参考相关标准与相关资料。

控制柜和操纵台的机械结构设计、控制柜和操纵台的电器元件安装设计以及电器的连接设计属于安装与连接的范畴。设计的目的是用于指导、规范现场生产与施工,为系统安装、调试、维修提供帮助,并提高系统的可靠性与标准化程度。

1. 主回路设计

(1)主回路设计的内容。在电气控制系统中,习惯上将高压、大电流的回路称为主回路。在常见的 PLC 控制系统中,主回路通常包括:电动机主回路,包括用于电动机通断控制的接触器、电动机保护的断路器等;各种动力驱动装置的电源回路与动力回路,如驱动器电源输入回路及其通断控制的接触器、保护断路器、伺服电动机的电枢回路、直流电动机的励磁回路等;各种控制变压器的原边输入回路,包括通断控制的接触器、保护断路器等;用于供给控制系统各部分主电源的电源输入与控制回路,包括用于电源变压器、整流器件、稳压器件,以及用于电源回路控制的接触器、保护断路器等。

PLC 控制系统的主回路设计与其他电气控制系统无原则性区别,但必须符合有关标准的规定,并结合 PLC 控制系统的自身特点充分考虑系统的可靠性与安全性。

(2)电源总开关。为了使整个控制系统与电网隔离,机械设备的电气控制装置必须安装电源总开关。

总开关的设计要求是:开关必须具有足够的分断能力,必须能够分断处于"堵转"状态的最大电动机的电流与其他所有用电设备和电动机的电流总和。

通过总开关,原则上应能断开设备中所有用电设备电源,作为一个例外,当设备安装有需要在总电源切断情况下使用的安全保护装置,如维修用电源、维修用照明设备、安全防护的解锁装置等部件时,这部分的电源允许直接连接在设备进线上,不需通过总开关分断。但即便如此,以上电路仍然需要安装独立的短路保护器件(如断路器等)。

(3)保护装置的安装。为了对设备主回路进行可靠、有效的保护,设备中每一独立的部件都必须安装用于短路、过电流保护的保护器件(如断路器等)。保护器件必须具有足够的分断能力,必须能够可靠分断被保护的用电设备或电动机。

出于调试、维修的需要,以及系统的可靠性与安全性的考虑,原则上应对不同类型的主回路,如电动机主回路、驱动主回路等,在每一部件独立安装保护器件的基础上对每一大类分类安装总保护断路器。

对于输入/输出点数和种类较多、构成复杂以及控制要求较高的控制系统,当外部输入/输出信号共用电源时,应采用分组的形式进行供电,每组通过独立的保护断路器进行保护与通断控制。

(4)接地与抗干扰。从安全角度考虑,控制系统应安装总接地母线,用于电位平衡与接地。与主回路连接的各种独立电气控制装置,应有专门的、符合要求的接地连接线与设备接地母线进行连接,以防止干扰,提高可靠性。

系统中容易产生干扰或容易受到外部干扰的电气控制装置,如 PLC、数控装置(CNC)、伺服驱动器、变频器等,应通过隔离变压器、滤波电抗器等与电源进行连接,以抑制电路干扰。

系统中需要通断的大功率负载,应在电路上安装浪涌电压吸收器,以抑制负载通断产生的过电压与干扰。

(5)辅助控制电源的设计。用于系统安全保护、紧急停机控制的装置(如制动器、安全门保护等)的辅助电源,应确保不会因“急停”等操作而分断。

系统中可靠性要求较高的控制部件,如 PLC 的电源输入、CNC 的电源输入等,当它们为直流供电时,应尽可能采用独立的稳压电源进行供电,当采用交流供电时,应安装独立的隔离变压器,原则上不要与系统的其他控制电路与执行元件共用电源,如电磁阀、220V/24V控制回路等。

PLC 输入/输出所需要的传感器、开关和执行元件电源应尽可能采用外部电源供电的形式,以防止由于外部电路故障引起 PLC 损坏。

2. 控制回路设计

PLC 控制系统中的控制回路,是指由继电器、接触器等低压电器构成的强电控制回路。在常见的控制系统中,控制回路一般有 AC 220V(或 AC 230V)与 DC 24V 两种。其组成与作用如下。

(1)AC 220V 控制回路。PLC 控制系统中的 AC 220V(或 AC 230V)控制回路,一般包括四种电路:用于电气控制系统的 AC 220V(或 AC 230V)安全电路,如紧急分断电路等;电气控制装置、电动机、设备的启动停止控制电路;主回路中的 AC 220V(或 AC 230V)接触器的通断控制电路;各种驱动装置、控制装置的 AC 220V(或 AC 230V)辅助控制电路等。

(2)DC 24V 控制回路。PLC 控制系统中的 DC 24V 控制回路一般包括四种控制电路:DC 24V 辅助继电器/接触器触点控制回路;用于电气控制系统的 DC 24V 紧急分断电路与安全电路;DC 24V 电磁阀、电磁离合器等执行元件的驱动、控制电路;DC 24V 制动器、防护门连锁控制电路等。

(3)设计原则。控制回路设计的基本要求与最高准则是必须保证系统运行的安全、可靠。控制回路的设计不仅要考虑设备的正常运行情况,更要考虑到当设备中的机械部件、电器元件发生故障以及出现误操作、误动作等情况下的紧急处理。无论出现何种情况,控制回路必须能保证设备的安全和可靠停机,并且不会对操作者、维修者与设备造成伤害。在保证安全、可靠的前提下,控制回路的动作设计应尽可能简洁、明了,方便操作与维修。

电路中的元器件选择应尽可能统一、规范,生产厂家不宜过多,以方便采购供应与维修服务。控制回路的控制电压应符合标准规定,电压种类不宜过多,以降低生产制造成本,提高系统可靠性。

四、PLC 的接口电路

PLC 控制系统包括输入/输出设备,常见的输入电器有按钮、行程开关、转换开关、接近开关、霍尔开关、拨码开关和各种传感器等,输出电器有接触器、继电器、电磁阀、指示灯以及其他有关显示、执行电器等。正确地连接输入/输出电路,是保证 PLC 控制系统安全可靠工作的前提。

1. PLC 的输入接口电路

(1)PLC 与按钮、开关等输入元件的连接,如图 5-30 所示。按钮(或开关)的两头,一头接到 PLC 的输入端(如 X0、X1 等),另一头连在一起接到公共端上(COM 端)。

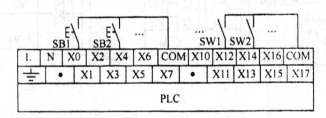

图 5-30　FX 系列 PLC 基本单元的输入与按钮、开关、限位开关等的接口

(2)拨码开关与 PLC 的连接。拨码开关有两种:一种是 BCD 码拨码开关,即从 0~9,输出为 8421 的 BCD 码;另一种是十六进制拨码开关,即从 0~F,输出为二进制码。拨码开关可以方便地进行数据变更,若控制系统中需要经常修改数据,可使用 4 位拨码开关组成一组拨码器与 PLC 相连。4 位拨码开关的 COM 端连在一起接到电源的正极或负极,电源的负极(或正极)与 PLC 上的 COM 端相连。每位拨码开关的 4 条数据线按一定顺序接到 PLC 的 4 个输入接点上。电源的正负极连接取决于 PLC 输入的内部电路。这种方法占用 PLC 的输入点较多,因此若不是十分必要的场合,一般不要采用这种方法。

(3)传感器与 PLC 的连接。传感器种类繁多,输出方式各不相同。接近开关、光电开关和磁性开关等为两线式传感器。霍尔开关为三线式传感器。它们与 PLC 的接口电路分别如图 5-31(a)和(b)所示。

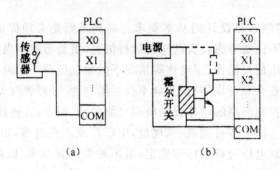

图 5-31　传感器与 PLC 连接

2. PLC 的输出接口电路

PLC 的输出方式有 3 种,一是继电器方式,二是晶闸管方式,三是晶体管方式。这 3 种 PLC 输出模块所接的外部负载也不相同,接口电路如图 5-31 所示。继电器输出可以是交流负载或直流负载[图 5-31(a)];晶闸管输出仅为交流负载[图 5-32(c)];晶体管输出仅为直流负载[图 5-32(b)]。

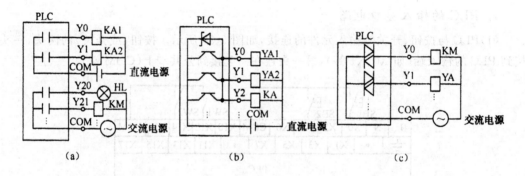

图 5-32　PLC 输出接口电路

PLC 与外接感性负载连接时,为了防止其误动作或瞬间干扰,对感性负载要采取抗干扰措施。若是直流接口电路,要在感性负载两端并联二极管。并联的二极管可选 1A 的管子,其耐压值可为负载电源电压的 $5\sim10$ 倍。接线时要注意二极管的极性。若是交流负载,要与负载并联阻容吸收电路。阻容吸收电路的电阻可选 $51\sim120\Omega$,功率为 2W 以上,电容取 $0.1\sim0.7\mu F$,耐压应大于电源的峰值电压。

3. PLC 的电源电路

PLC 控制系统的电源除交流电源外,还包括 PLC 的直流电源。一般情况下,交流电源可直接与电网相连,而输入设备(开关)的直流电源和输出负载的直流电源等,最好分别采用独立的直流供电电源,如图 5-33 所示。

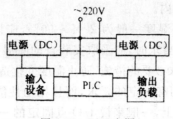

图 5-33 PLC 电源

五、PLC 安装与连接设计

安装设计、电气连接设计的目的是指导、规范现场生产与施工,为系统安装、调试、维护提供帮助,从而提高系统的可靠性与标准化程度。PLC 的安装与连接设计通常包含以下内容。

(1)电气柜、操作台、现场安装部件(包括分线盒、走线槽、电缆夹等工件)的设计。

(2)设备、电气控制柜、操作台上的各电器元件的布置、安装位置以及安装方法的设计。

(3)设备的电气连接、接线图、接插件的布置、电缆的布置等设计。

1. PLC 的安装要求

PLC 的可靠性虽然很高,但作为计算机控制装置的一种,为了提高其工作可靠性,对安装与使用环境仍然有一定的要求。特别是 PLC 的外部连线、电缆的布置对 PLC 工作的稳定性与可靠性有较大的影响,在设计阶段必须予以重视。

(1)安装环境的基本要求。不同厂家的 PLC,其安装环境的要求有所区别,但总体来说,PLC 的安装都应遵循以下原则。

①安装必须牢固,避免在设备运输与使用过程中的震动与跌落。

②安装有 PLC 的电气柜,应尽量避免布置在有强烈震动与冲击的场所。

③避免在周围有腐蚀性气体、可燃性气体的场所安装,若必须安装,需要满足相应的安全规范和防爆标准,如矿用设备的煤矿安全标志。

④避免在周围有灰尘、导电粉尘、油雾、烟雾的场合安装,若需要在上述场合安装,需要制作特殊的电控柜,以满足相应场合的要求。

⑤避免在高温、多湿的场所或者低温的环境下安装。

⑥尽量避免将 PLC 与高压电器设备(3000 V 以上)布置于同一电气柜内。

⑦尽量避免将 PLC 与容易产生干扰的电气设备布置于同一电气柜内,以及使用同一电源,在不可避免时,应采取必要的措施。

⑧避免在周围有强磁场、强电场的场所安装 PLC。

(2)温度、湿度、震动、冲击的要求。PLC 对使用环境的温度、湿度、震动、冲击的一般要求如下。

①PLC 使用时的环境温度一般在 $0 \sim 55$℃ 的范围内(保存时的温度在 -20℃ ~ 70℃ 的范围内),同时应防止在阳光直接照射的场合下使用。

当环境温度无法满足以上要求时,应采取相应的措施,如在电气柜上安装风扇等,保证

PLC 的环境温度在允许的范围内。

②PLC 使用时的环境相对湿度一般为 20%～90%，应该避免因温度变化快而造成结露。当环境湿度无法满足上述要求时，应采取安装自动除湿装置等措施，特别是冬天，在供暖装置突然停止的场合，应采取必要的措施，防止温度变化造成的结露。

③PLC 对安装环境的震动有一定的要求，而且振动性能与 PLC 的型号（结构形式）及安装方式等因素有关。在结构上，一般来说 I/O 点固定的一体化 PLC，或基本单元加扩展型 PLC 的基本单元，其抗震动性能要优于模块化结构的 PLC。在安装方式上，利用螺钉安装的 PLC，其抗震动性能要优于导轨安装的 PLC。

通常情况下，利用螺钉安装的 I/O 点固定的一体化 PLC，或是基本单元加扩展型 PLC 的基本单元，允许的振动强度为 19.6m/s^2（2G）左右；采用导轨安装时为 9.8m/s^2（1G）左右。利用螺钉安装的模块化 PLC，运行的振动强度为 9.8m/s^2（1G）左右；采用 35mm 标准导轨安装时为 4.9m/s^2（0.5G）左右。

④PLC 对安装环境的冲击同样有一定的要求，而且冲击性能与安装方式等因素有关。通常情况下，利用螺钉安装的 PLC 允许的冲击强度为 15～30G（147～294m/s^2），采用导轨安装时为 147m/s^2 左右。具有强烈震动与冲击的场合，应采取必要的防震措施。

（3）安装空间的要求。PLC 安装空间直接影响到 PLC 的散热。PLC 对安装空间的一般要求如下。

①PLC 与其他电器间一般应保证垂直方向大于 100mm、水平方向大于 50mm 的空间距离，并且保证通风良好。不同类型的 PLC 要求不一样，具体可参照相应手册。

②PLC 与其他电器或者电气柜门间的前、后空间距离，一般应保证在 50mm 以上，并且保证通风良好。

③在 PLC 的下部，应避免直接布置强发热元件（如加热器、变压器、能耗电阻等）。

④尽量采取垂直安装的方式安装 PLC，水平布置直接影响到 PLC 的散热。

⑤PLC 不应安装在电气柜的门、顶面、底面、侧面等部位。

⑥必须保持 PLC 通风窗的畅通，在使用前一定要取下通风窗的保护纸。

2. PLC 的布线

正确的连接是保证 PLC 正常工作的前提条件。错误或不良的连接不仅影响到 PLC 工作的可靠性与稳定性，而且还可能引起机械设备和 PLC 硬件的误动作和故障，甚至损坏设备，从而引发火灾等安全事故，因此必须给予重视。

（1）连接的基本要求。由于 PLC 控制对象与 PLC 模块规格、型号的不同，PLC 的连接可能有所区别，但总体来说，PLC 的连接一般应遵循以下原则。

①PLC 的全部连接必须正确无误，尤其对于电源电压、控制电压的种类、电压、极性等，必须仔细检查，确保正确。

②PLC 的连接必须保证牢固、可靠、符合规范。

③连接导线的绝缘等级、线径必须与负载电压、电流相匹配；导线的颜色必须符合标准的规定。

④PLC 的连接作业必须在断电的情况下，由具备相应专业资格的人员负责实施。

⑤PLC 模块、连接电缆的插拔，应在 PLC 断电的情况下，按照规定的方法与步骤进行。

⑥接触 PLC 前，应通过接触接地金属部件放掉人体所带静电。

（2）连接线的布置。合理布置 PLC 连接线，可以减少、消除电路中的干扰，提高可靠性。PLC 的连接线、电缆等最好根据电压等级与信号的类型进行分类敷设。

图 5-34 中的电缆敷设采用了分层敷设的方式，在走线槽内部采用了如图 5-35 所示的隔离措施；在"走线槽"外部，通过金属屏蔽外壳以密封，这样可以起到有效防止电磁干扰的作用。

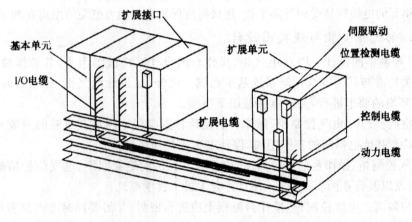

图 5-34　PLC 合理的电缆敷设方式

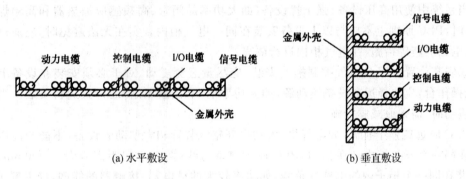

(a) 水平敷设　　　　(b) 垂直敷设

图 5-35　电缆的隔离

在实际使用中，考虑到成本等方面的因素，要完全按照生产厂家的要求布置可能会有一定的困难。即使如此，对于动力电缆、控制电缆与信号电缆还是以分开敷设为宜，在电气柜内，也尽可能予以"分槽"布置。

（3）电源线的布置。PLC 对输入电源的要求相对较低，通常较容易满足要求。但是，当供电电路存在干扰或电网波动剧烈时，为了保证 PLC 的正常工作，应考虑在电源输入回路加隔离变压器、滤波器、浪涌吸收器或采取稳压措施。在 PLC 的外部电源连接方面，应考虑如下几点。

①采取隔离变压器时，隔离变压器到 PLC 电源之间的连线应尽可能短，以减少电路中的干扰。

②PLC 的电源连接线应有足够的线径，以减少电路的压降。

③DC 回路和 AC 回路应尽可能分开布线。

④当输入/输出连线无法与动力线分开敷设时,输入/输出尽可能采用屏蔽电缆,并在PLC侧将屏蔽层接地;输入信号与输出信号应采用单独的连接电缆。

⑤当输入电源可能存在较大的干扰时,应采取必要的抗干扰措施。

⑥原则上,PLC的I/O连接线不应超过20m,当大于此长度时,应采取必要的措施,防止干扰与电路压降的增大。

⑦扩展单元的电缆容易受到外部干扰,连接时应保证它与动力电缆的距离在30～50mm。

3. PLC电气柜安装与连接图设计

(1)PLC控制柜的设计。PLC电气柜、操作台的设计以机械图为主,其总体设计要求、应贯彻的相关标准与其他电气控制系统基本相同。此外,在设计电气柜、操作台时,应根据PLC对安装环境的要求进行,并重点注意以下事项。

①安装空间。PLC电气控制柜、操作台的设计首先应保证内部有足够的安装与维修空间,确保PLC与其他电器间的空间距离,保证安装部位通风良好。

PLC电气控制柜、操作台的安装高度、内部电器元件的绝缘间距、电气防护措施等必须执行国际、国家以及行业的有关标准,并且符合人机工程学原理。

②密封与隔离。电气控制柜、操作台原则上应进行密封,并需要同时考虑到密封后的散热空间要求。电气控制柜、操作台的内部空间不仅要保证电器元件的安装需要,同时还需要保证有足够的散热面积,在工作环境较恶劣的场合,最好安装风扇或空调,以帮助散热。

当系统中使用高压设备、强干扰设备(如大功率晶闸管、高频感应加热器和高频焊接设备等)时,PLC原则上不应与以上设备安装在同一电气柜内。实在无法避免时,应通过高压防护、电磁屏蔽等措施,在电气柜内进行隔离。

③安装位置。PLC电气控制柜的安装,应尽量避免震动,对于必须安装在设备上的电气柜、操作台,应选择远离设备震动源(如大功率电动机、液压站)的位置进行安装。当无法避免震动时,需采取减震措施。

PLC应远离强干扰源,如电焊机、大功率硅整流装置和大型动力设备,不能与高压电器安装在同一个开关柜内。在柜内,PLC应远离动力线(两者之间距离应大于200mm)。与PLC装在同一个柜子内的电感性负载,如功率较大的继电器、接触器的线圈,应并联RC消弧电路。

(2)PLC电气柜电器元件的布置图设计。设备、电气控制柜、操作台上的各电器元件的布置、安装位置以及安装方法,应在电器元件的布置图上予以明确,其总体设计要求、应贯彻的相关标准与其他电气控制系统基本相同。

在设计、布置、安装电器元件时,应参照PLC对安装环境的要求进行,并重点注意以下事项。

①布置图的要求。电器元件的布置图要标明所有电器元件的具体安装位置、安装尺寸与安装要求,应能完整、清晰地反映系统中全部电器元件的实际安装情况。

②元件布置要求。电器元件布置必须保证正确、合理、整齐和美观,同时应考虑电器元件的散热要求。在使用风扇进行电气柜冷却的场合,不应将通风口直接对着PLC,以防止粉尘等进入PLC内部,引起PLC故障。

(3)电气连接图设计。在设计电气接线图时,应参照PLC对电气连接的要求进行,并重点注意以下事项。

①电气接线图应能准确、完整、清晰地反映系统中全部电器元件相互间的连接关系，应能准确指导、规范现场生产与施工，并为今后系统的安装、调试与维护提供帮助。

电气接线图要逐一标明设备上每一走管、走线槽内的连接线（包括备用线）的数量、规格和长度，所采用的外部防护措施（如采用金属软管型号、规格和长度等），需要的标准件（如软管接头、管夹的数量、型号和规格等），连接件（如采用插头的型号、规格）等，以便指导施工。

②电气柜与设备间的连接电缆、走线管和走线槽等必须使用安装螺钉、软管接头和夹管等部件进行良好的固定。系统电气柜与设备间的连接应考虑到运输、拆卸等的需要，对于设备中的独立附件，应通过安装接插件、分线盒等措施，保证这些独立附件与主机间分离的需要。

第六章

电气自动化控制系统的
设计思想及构成

第一节 电气自动化控制系统设计的功能和要求

现代生产设备是机械制造、电气控制、生产工艺等专业人员共同创造的产物,只有统筹兼顾制造、控制、工艺三者的关系,才能使整机的技术经济指标达到先进水平。电控系统是现代生产设备的重要组成部分,其主要任务是为生产设备协调运转服务。生产设备电气控制系统并不是功能越强、技术越先进就越好,而是以满足设备的功能要求以及设备的调试、操作是否方便,运行是否可靠作为主要评价依据。因此在满足生产设备的技术要求的前提下,电气控制系统应力求简单可靠,尽可能采用成熟的、经过实际运行考验的仪表和电器元件。而新技术、新工艺、新器件的应用,往往带来生产设备功能的改进、成本的降低、效率的提高、可靠性的增强以及使用的方便,但必须进行充分的调研、必要的论证,有时还应通过试验。

一、电气控制系统的设计与调试

电气控制系统设计的基本任务是根据生产设备的需要,提供电气控制系统在制造、安装、运行和维护过程中所需要的图样和文字资料。设计工作一般分为初步设计和技术设计两个阶段。电气控制系统制作完成后技术人员往往还要参加安装调试,直到全套设备投入正常生产为止。

1. 初步设计

参加设计工作的机械、电气、工艺方面的技术负责人应收集国内外同类产品的有关资料并进行分析研究。对于打算在设计中采用的新技术、新器件,在必要时还应进行试验,以确定它们是否经济适用。在初步设计阶段,对电气控制系统来说,应收集下列资料:

(1)设备名称、用途、工艺流程、生产能力、技术性能以及现场环境条件(如温度、湿度、粉尘浓度、海拔、电磁场干扰及震动情况等)。

（2）供电电网种类、电压等级、电源容量、频率等。

（3）电气负载的基本情况，如电动机型号、功率、传动方式、负载特性，对电动机启动、调速、制动等要求，电热装置的功率、电压、相数、接法等。

（4）需要检测和控制的工艺参数性质、数值范围、精度要求等。

（5）对电气控制的技术要求，如手动调整和自动运行的操作方法，电气保护及连锁设置等。

（6）生产设备的电动机、电热装置、控制柜、操作台、按钮站，以及检测用传感器、行程开关等元器件的安装位置。

上述资料实际上就是设计任务书或技术合同的主要内容。在此基础上，电气设计人员应拟订若干原理性方案及其预期的主要技术性能指标，估算出所需费用供用户决策。

2. 技术设计

根据用户确定采用的初步设计方案进行技术设计，主要有下列内容：

（1）给出电气控制系统的电气原理图。

（2）选择整个系统设备的仪表、电气元器件并编制明细表，详细列出名称、型号规格、主要技术参数、数量、供货厂商等。

（3）绘制电控设备的结构图、安装接线图、出线端子图和现场配线图（表）等。

（4）编写技术设计说明书，介绍系统工作原理，主要技术性能指标，以及对安装施工、调试操作、运行维护的要求。

上面叙述的设计过程是对需要组织联合设计的大中型生产设备而言，对已有的设备进行控制系统更新改造或小型设计项目而言，这个过程和内容可以适当简化。

3. 设备调试

电气控制设备在制造完成后应在出厂前进行全面的质量检查，并尽可能模拟实际工作条件来进行测试，直至消除所有的缺陷之后才能运到现场进行安装。安装接线完毕之后还要在严格的生产条件下进行全面调试，保证它们能够达到预期的功能，其中检测仪表、变频器等应列为重点，PLC的控制程序更需进行验证，发现问题立即修改，直到正确无误为止。在调试过程中要做好记录，对已经更改了的电控系统设计图样和技术说明书的有关部分予以订正。设计人员参加现场调试，验证自己的设计是否符合客观实际，对积累工作经验、提高设计水平有十分重要的作用。

二、设计过程中应重视的几个问题

1. 制定控制系统技术方案的思路

在进行电控系统的设计时，首先要对项目进行分析：它是定值控制系统还是程序控制系统，或者两者兼而有之。对于定值控制系统，采用简单经济的位式调节还是采用连续调节方式？对于常见的单回路反馈控制系统，主要任务是选择合理的被控变量和操作变量，选择合适的传感变送器以及检测点，选用恰当的调节规律以及相应的调节器、执行器和配套的辅助装置，组成工艺上合理，技术上先进，操作方便，造价经济的控制系统。对于程序控制系统来说，通常采用继电器-接触器控制或 PLC 控制，选用规格适当的断路器、接触器、继电器等开关器件以及变频器、软启动器等电力电子产品,合理配置主令电器——按钮、转换开关及指示灯等。控制线路设计一般应有手动分步调试、系统联动运行两种方式,努力做到安装调试方便,运行安全可靠。

2. 电控系统的元器件选型

电控系统的仪表、电器元件的选型直接关系到系统的控制精度、工作可靠性和制造成本,必须慎重对待,原则上应该选用功能符合要求、抗干扰能力强,环境适应性好,可靠性高的产品。国内外知名品牌很多,可选的范围很大,其中在已有的工程实践中经常使用、性能良好的产品应作为首选,其次为用户所熟悉或推荐的智能仪表、PLC、变频器、工控组态软件以及当地容易购置的电器产品也应在选用之列。总之,应从技术、经济等方面进行充分比较之后做出最终选择。

3. 电控系统的工艺设计

电控系统要做到操作方便、运行可靠、便于维修,不仅需要有正确的原理性设计,而且需要有合理的工艺设计。电气工艺设计的主要内容包括总体布置、分部(柜、箱、面板等)装配设计、导线连接方式等方面。

(1)总体布置。电控设备的每一个元器件都有一定的安装位置,有些元器件安装在控制柜中(如继电器、接触器、控制调节器、仪表等),有些元器件应安装在设备的相应部位上(如传感器、行程开关、接近开关等),有些元器件则要安装在操作面板上(如按钮、指示灯、显示器、指示仪表等)。对于一个比较复杂的电控系统,需要分成若干个控制柜、操作台、接线箱等,因而系统所用的元器件需要划分为若干组件,在划分时应综合考虑生产流程、调试、操作、维修等因素。一般来说,划分原则如下:

①将功能类似的元器件组合放在一起;

②尽可能减少组件之间的连线数量,将接线关系密切的元器件置于同一组件中;

③强弱电分离,尽量减少系统内部的干扰影响等。

(2)电气柜内的元器件布置。同一个电气柜(箱)内的元器件布置的原则如下:

①重量、体积大的器件布置在控制柜下部,以降低柜体重心;

②发热元器件宜安装在控制柜上部,以避免对其他器件有不良影响;

③经常需要调节、更换的元器件安装在便于操作的位置上;

④外形尺寸和结构类似的元器件放在一起,便于配接线和使外观整齐;

⑤电器元件布置不宜过密,要留有一定的间距,采用板前走线槽配线时更应如此。

(3)操作台面板。操作台面板上布置操作件和显示件,通常按下述规律布置:操作件一般布置在目视的前方,元器件按操作顺序由左向右、从上到下布置,也可按生产工艺流程布置,尽可能将高精度调节、连续调节、频繁操作的器件配置在右侧;急停按钮应选用红色蘑菇按钮并放置在不易被碰撞的位置;按钮应按其功能选用不同的颜色,既增加美观,又易于区别;操作件和显示件通常还要附有标示牌,用简明扼要的文字或符号说明它的功能。

显示器件通常布置在面板的中上部,指示灯也应按其含义选用适当的颜色。当显示器件特别是指示灯数量比较多时,可以在操作台的下方设置模拟屏,将指示灯按工艺流程或设备平面图形排布,使操作者可以通过指示灯及时掌握生产设备运行状态。

(4)组件连接与导线选择。电气柜、操作台、控制箱等部件进出线必须通过接线端子,端子规格按电流大小和端子上进出线数目选用,一般一只端子最多只能接两根导线,若将2～3根导线压入同一裸压接线端内时,可看作一根导线但应考虑其载流量。

电气柜、操作台内部配件应采用铜芯塑料绝缘导线,截面积应按其载流量大小进行选择,考虑到机械强度,控制电路通常采用1.5mm²以上的导线,单芯铜线不宜小于0.75mm²,多芯软铜线不宜小于0.5mm²,对于弱电线路,不得小于0.2mm²

另外,进行柜内配线时每根导线的两端均应有标号,导线的颜色在GB/T 2681—1981《电工成套装置中的导线颜色》有明确的规定。例如:内部布线一般用黑色;黄、绿、红色分别表示交流电路的第一、第二、第三相;棕色和蓝色分别表示直流电路的正极、负极;黄-绿双色铜芯软线是安全用的接地线(PE线),其截面积不得小于2.5mm²。

4.技术资料收集工作

要完成一个运行可靠、经济适用的电控系统设计,必须有充分的技术资料作为基础,技术资料可以通过多种途径获得。

(1)国内外同类设备的电控系统组成和使用情况等资料。

(2)有关专业杂志、书籍、技术手册等。

(3)参观电气自动化产品展览会时可从参展的国内外著名厂商处收集产品样本、价格表等资料。

(4)专业杂志上发表的产品广告以及新产品的信息。

(5)通过电话、传真或电子邮件等手段向生产厂家或代理商咨询,索取产品的说明书、价格表等资料。

(6)从生产厂家的网页上下载需要的技术资料。

(7)本单位已完成的电控设备全套设计图样资料,包括调试记录等。

一般来说,电气控制系统的设计工作实质上是控制元器件的"集成"过程。也就是说,对于市场上品种繁多、技术成熟、功能不一、价格不同的各种电控产品、检测仪表进行选择,找出最合适的若干器件组成电控系统,使它们能够相互配套、协调工作,成为一个性价比很高的系统,实现预期的目标-生产设备按期调试投产,安全高效运转,能够创造良好的经济效益。因此设计人员需要不断积累资料,总结经验,吸取一切有用的知识,既要熟悉国内外电气自动化产品的性能、价格和技术发展动态,又要了解所配套设备的生产工艺和操作方法,才能设计出性能优良、造价合理的电控系统。

第二节　电气自动化控制系统中的抗干扰设计

一、电磁干扰形成的条件

电磁干扰可以说是无孔不入,但就其传输耦合方式来讲不过有两种:一种是将空间作为传输媒介,即干扰信号通过空间耦合到被干扰的电子设备或电子系统中,这种耦合方式称为辐射耦合;另一种是将金属导线作为传输媒介,即干扰信号通过设备与设备或系统与系统之间的传输导线耦合到被干扰的电子设备或电子系统中,例如,两个电子设备或系统共用同一个电源网络,其中一个设备或系统产生的电磁干扰就会通过公共的电源线路耦合到另一个电子设备或系统中,这种耦合称为传导耦合。由此可知,电磁干扰的传输途径可分为两种,一种是辐射耦合途径,另一种是传导耦合途径。

电气自动化控制系统投入工业应用环境运行时,由于系统通过电网、空间与周围环境发生了联系而受到干扰,若系统抵御不住干扰的冲击,各电气功能模块将不能正常工作。微机系统往往会因干扰产生程序"跑飞",传感器模块将会输出伪信号,功率驱动模块将会输出畸变驱动信号,使执行机构动作失常,凡此种种,最终导致系统产生故障,甚至瘫痪。因此,系统设计除功能设计、优化设计外,另一项重要任务是要完成系统的抗干扰设计。

电磁干扰的存在必须具备以下三个条件:

(1)电磁干扰源,指的是能产生电磁干扰(电磁噪声)的源体。电磁干扰源一般都具有一定的频率特性,其干扰特性可在频域内通过测试来获得。电磁干扰源所呈现的干扰特性可能有一定的规律,也可能没有规律,这完全取决于干扰源本身的性质。

(2)电磁干扰敏感体,是指能对电磁干扰源产生的电磁干扰有响应,并使其工作性能或功能下降的受体。一般情况下,敏感体也具有一定的频率特性,即在敏感的带宽内才能对电磁干扰产生响应。

(3)电磁干扰传播途径,是连接电磁干扰源与电磁干扰敏感体之间的传输媒介,起着传输电磁干扰能量的作用。电磁干扰传播途径主要有两种形式,一种是通过空间途径传播(辐射的形式),另一种是通过导电体(或导线)途径传播(传导的形式)。不管是电磁干扰源还是电磁干扰敏感体,它们都有各自的频率特性,当两者的频率特性相近或干扰源产生的干扰能量足够强,同时又有畅通的干扰途径时,人们所看到的干扰现象就会出现。

二、干扰源

为了提高电气自动化系统的抗干扰性能,首先要弄清干扰源。从干扰源进入系统的渠道来看,系统所受到的干扰源分为供电干扰、过程通道干扰、场干扰等。

1. 供电干扰

大功率设备(特别是大感性负载的启停)会造成电网的严重污染,使得电网电压大幅度地涨落,电网电压的欠压或过压常常超过额定电压的±15%以上,这种状况有时长达几分钟、几小时甚至几天。由于大功率开关的通断、电动机的启停等原因,电网上常常出现几百伏甚至几千伏的尖峰脉冲干扰。由于我国采用高压(220V)高内阻电网,所以电网污染严重,尽管系统采用了稳压措施,但电网噪声仍会通过整流电路窜入微机系统。据统计,电源的投入、瞬时短路、欠压、过压、电网窜入的噪声引起CPU误动作及数据丢失占各种干扰的90%以上。

2. 过程通道干扰

在电气自动化控制系统中,有的电气模块之间需用一定长度的导线连接起来,如传感器与微机连接、微机与功率驱动模块连接。这些连线少则几条,多则千条。连线的长短为几米至几千米不等。通道干扰主要来源于长线传输(传输线长短的定义是相对于CPU的晶振频率而定的,当频率为 1MHz 时传输线长度大于 0.5m,频率为 4MHz 时传输线长度大于 0.3m,视其为长传输线)。当系统中有电气设备漏电,接地系统不完善,或者传感器测量部件绝缘不好时,都会在通道中直接窜入很高的共模电压或差模电;各通道的传输线如果处于同一根电缆中或捆扎在一起,则会通过分布电感或分布电容产生相互间的干扰。尤其是将 0~15V 的信号线与交流 220V 的电源线同处于一根长达几百米的管道内时,其干扰相当严重。这种电磁感应产生的干扰也在通道中形成共模或差模电压,有时这种通过感应产生的干扰电压会达几十伏以上,使系统无法工作。多路信号通常要通过多路开关和采样保持器进行数据采集后送入微机,若这部分的电路性能不好,幅值较大的干扰信号也会使邻近通道之间产生信号串扰。这种串扰会使信号产生失真。

3．场干扰

系统周围的空间总存在着磁场、电场、静电场,如太阳及天体辐射电磁波,广播、电话、通信发射台辐射电磁波,周围中频设备(如中频炉、晶闸管变送电源、微波炉等)发出的电磁辐射等。这些场干扰会通过电源或传输线影响各功能模块的正常工作,使其中的电平发生变化或产生脉冲干扰信号。

三、提高系统抗电源干扰能力的方法

1．配电方案中的抗干扰措施

抑制电源干扰首先从配电系统的设计上采取措施。交流稳压器用来保证系统供电的稳定性,防止电网供电的过压或欠压。但交流稳压器并不能抑制电网的瞬态干扰,一般需加一级低通滤波器。

高频干扰通过源变压器的初级与次级间的寄生耦合电容窜入系统,因此,在电源变压器的初级线圈和次级线圈间需加静电屏蔽层,把耦合电容分隔、使耦合电容隔离、断开高频干扰信号,能有效地抑制共模干扰。

电气自动化系统目前使用的直流稳压电源可分为常规线性直流稳压电源和开关稳压电源两种。常规线性直流稳压电源由整流电路、三端稳压器及电容滤波电路组成。开关稳压电源是采用反激变换储能原理而设计的一种抗干扰性能较好的直流稳压电源,开关电源的振荡频率接近 1000kHz,其滤波以高频滤波为主,对尖脉冲有良好的抑制作用。开关电源对来自电网的干扰的抑制能力较强,在工业控制微机中已被广泛采用。

分立式供电方案就是将组成系统的各模块分别用独立的变压、整流、滤波、稳压电路构成的直流电源供电,这样就减小了集中供电产生的危险性,而且也减少了公共阻抗的相互耦合以及公共电源的相互耦合,提高了供电的可靠性,也有利于电源散热。

另外,交流电的引入线应采用粗导线,直流输出线应采用双绞线,扭绞的螺距要小,并尽可能缩短配线长度。

2．利用电源监视电路抗电源干扰

在系统配电方案中实施抗干扰措施是必不可少的,但这些措施仍难抵御微秒级的干扰脉冲及瞬态掉电,特别是后者属于恶性干扰,可能产生严重的事故。因此在系统设计时,应根据设计要求采取进一步的保护措施,电源监视电路的设计是抗电源干扰的一个有效方法。

目前市场提供的电源监视集成电路一般具有如下功能。

(1)监视电源电压瞬时短路、瞬间降压和微秒级干扰脉冲及掉电；

(2)及时输出供 CPU 接收的复位信号及中断信号；

(3)电压在 4.5~4.8V，外接少量电阻、电容就可调整监测的灵敏度及响应速度；

(4)电源及信号线能与微机直接相连。

3．用 Watch dog 抗电源干扰

Watch dog 俗称"看门狗"，是微机系统普遍采用的抗干扰措施之一。它实质上是一个可由 CPU 监控复位的定时器，其工作原理示意如图 6-1 所示。对于定时器 T_1 和 T_2，若它们的输入时钟相同，且设定 $T_1=1.0$ s，$T_2=1.1$ s，用 T_1 溢出脉冲 P_1 对 T_1 和 T_2 定时清"0"，那么只要 T_1 工作正常，T_2 就永远不可能超时溢出。若 T_1 因故障停止定时计数，T_2 则会收不到清"0"信号而溢出，产生溢出脉冲 P_2，一旦 T_2 发出溢出脉冲，就表明 T_1 出了故障。这里的 T_2 就是所谓的 Watch dog。

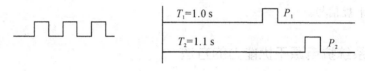

图 6-1　Watch dog 工作原理

在 Watch dog 的实现中，T_1 并不是真正的定时器。其输出的清"0"信号实际上是由 CPU 产生的，其构成如图 6-2 所示。定时器时钟输入端 CLK 由系统时钟提供，其控制端接 CPU，CPU 对其设置定时常数，控制其启动。在正常情况下，定时器总在一定的时间间隔内被 CPU 刷新一次，因而不会产生溢出信号，当系统因干扰产生程序"跑飞"或进入死循环后，定时器因未能被及时刷新而产生溢出。由于其溢出信号与 CPU 的复位端或中断控制器相连，所以就会引起系统复位，使系统重新初始化，而从头开始运行，或产生中断，强迫系统进入故障处理中断服务程序，处理故障。

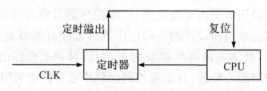

图 6-2　Watch dog 的构成

Watch dog 可由定时器以及与 CPU 之间适当的 I/O 接口电路构成，如振荡器加上可复位的计数器构成的定时器，各种可编程的定时计数器（Intel 8253、8254 的 CTC 等），单片机内部定时/计数器等。有些单片机（如 Intel 8096 系列）已将 Watch dog 制作在芯片中，使用起来十分方便。如果为了简化硬件电路，也可以用纯软件实现 Watch dog 功能，但可靠性差些。

四、电场与磁场干扰耦合的抑制

1. 电场与磁场干扰耦合的特点

在任何电子系统中,电缆都是不可缺少的传输通道,系统中大部分电磁干扰敏感性问题、电磁干扰发射问题、信号串扰问题等都是由电缆产生的。电缆之所以能够产生各种电磁干扰的问题,主要是因为其有以下几个方面的特性在起作用。

(1)接收特性:根据天线理论,电缆本身就是一条高效率的接收天线,它能够接收到空间的电磁波干扰,并且还能将干扰能量传递给系统中的电子电路或电子设备,造成敏感性的干扰影响。

(2)辐射特性:根据天线理论,电缆本身还是一条高效率的辐射天线。它能够将电子系统中的电磁干扰能量辐射到空间中去,造成辐射发射干扰影响。

(3)寄生特性:在电缆中,导线可以看成是互相平行的,而且互相靠得很紧密。根据电磁理论,导线与导线之间必然蕴藏着大量的寄生电容(分布电容)和寄生电感(分布电感),这些寄生电容和寄生电感是导致串扰的主要原因。

(4)地电位特性:电缆的屏蔽层(金属保护层)一般情况下是接地的。因此如果电缆所连接设备接地的电位不同,必然会在电缆的屏蔽层中引起地电流的流动。例如,当两个设备的接地线电位不同时,在这两个设备之间便会产生电位差,在这个电位差的驱动下,必然会在电缆屏蔽层中产生电流。由于屏蔽层与内部导线之间有寄生电容和寄生电感存在,因此屏蔽层上流动着的电流完全可以在内部导线上感应出相应的电压和电流。如果电缆的内部导线是完全平行的,感应出的电压或电流大小相等、方向相反,在电路的输入端互相抵消,不会出现干扰电压或干扰电流。但是,实际上电缆中的导线并不是绝对平行的,而且所连接的电路通常也都不是平衡的,这样就会在电路的输入端产生干扰电压或干扰电流。这种因地线电位不一致所产生的干扰现象,在较大型的系统中是常见的。

下面介绍一下电磁屏蔽技术的意义。

增加干扰源和干扰敏感体之间的距离是抑制(消除)干扰耦合比较好的方法。但是在实际中,采用这种方法会受到一定的限制。在这种情况下,就要应用另外一种技术,即电磁屏蔽技术。电磁屏蔽技术是将干扰信号抑制或消除在干扰信号的传输通道中,达到保护被干扰对象,使其免受干扰影响的目的。电磁屏蔽一般采用金属线编织成的金属网将干扰源或干扰敏感体包围在其中以达到抑制干扰的目的。这里为了叙述方便起见,要将屏蔽网看成实心的屏蔽层。对于屏蔽技术来讲,它可以应用于干扰源,也可以应用于干扰敏感体或应用于干扰传输通道,其屏蔽效果是完全相同的。

对于干扰源与干扰敏感体来讲,两者的屏蔽传输衰减函数是互易的。对于多个干扰源和多个干扰敏感体共存的系统来讲,对干扰源采取屏蔽措施还是对干扰敏感体采取屏蔽措施要根据具体的实际情况来确定。为了降低整个系统的成本费用,选择对干扰源或干扰敏感体数量较少的一方采取屏蔽措施是比较稳妥的方法。

屏蔽技术多种多样,就其基本原理来讲都是利用导电性能良好的金属作为屏蔽层,形成一种电磁场防护罩。在实际使用中,屏蔽罩必须要有良好的接地措施,只有这样才能有效地抑制电磁辐射干扰和耦合干扰。同时还可以有效地抑制外部环境中的电磁干扰噪声对屏蔽罩内的电子系统或设备产生的干扰影响。

屏蔽技术其实就是切断电磁噪声的传输途径。如果是以防止向外界辐射电磁噪声干扰为目的,则应对噪声源采取屏蔽措施。如果是以防止敏感体受外界电磁噪声干扰为目的,则应对干扰敏感体采取屏蔽措施。电磁噪声是以"场"的形式沿空间传输的,通常有近场和远场之分,近场又分为电场(容性场)和磁场(感性场)两种。电场的场源表现特性是高电压、小电流,而磁场的场源表现特性是低电压、大电流。另外,如果干扰源与干扰敏感体之间的距离远远大于干扰噪声信号波长的四分之一,则干扰源产生的场就是远场。远场又称为电磁场,顾名思义,远场的电场和磁场是分不开的,电场与磁场之间保持着波阻抗的关系。当电缆采取有效的屏蔽措施以后,屏蔽层能很好地抑制容性干扰耦合和感性干扰耦合的影响。

2. 电场与磁场干扰耦合的抑制

(1)电场干扰耦合等效电路分析。电场干扰耦合又称为容性干扰耦合。我们知道,平行导线间存在电场(容性)干扰耦合,利用电路理论可以分析电场干扰耦合的一些特点。这里主要讨论电场干扰耦合的抑制问题。为了能比较清楚地说明问题,仍然采用两平行导线结构。在讨论中,假设只对干扰源回路采取屏蔽措施,而干扰敏感体回路未采取屏蔽措施,可以看出,干扰源回路对干扰敏感体回路的电场耦合可分为两部分,一部分是干扰源回路导线对屏蔽层之间的耦合电容,另一部分是干扰源回路屏蔽层对地的耦合电容。

在图 6-3 所示的等效电路中,干扰源电压 V_S 会通过分布电容 C_{S1} 将干扰电流耦合到屏蔽层上,然后再通过分布电容 C_{S2},耦合到干扰敏感体回路的导线 2 中,导线 2 中的干扰电流在负载电阻 R_{L2} 上产生干扰耦合电压 V_N。如果将屏蔽层接地,即把 C_{SG} 短路,则干扰电压 V_S 通过 C_{S1} 后被屏蔽层短路至地,V_S 不能再被传输到干扰敏感体回路导线 2 上,从而起到了屏蔽电场耦合的作用。屏蔽层的接地点通常选在被屏蔽导线的源端或负载端,这种接法称为单点接地法,接地点的好与坏,可直接由电阻 R_{SG} 和电容 C_{SG} 的数值变化反映出来。例如,屏蔽层接地质量的好与坏,可由 R_{SG} 取值的大小反映出来。屏蔽层屏蔽性能的好与坏,可由 C_{SG} 的取值反映出来。有时接地电阻与屏蔽性能的问题同时存在,则应同时考虑 R_{SG} 和 C_{SG} 的共同影响。R_{SG} 和 C_{SG} 代表了屏蔽层接地电阻和屏蔽层性能对屏蔽效果影响的参数。减小屏蔽层的接地电阻和提高屏蔽层的屏蔽性能都是对 R_{SG} 和 C_{SG} 提出要求。例如,选用编织比较紧密的屏蔽层或被屏蔽的导线尽可能不要伸出屏蔽层以外,可使得 C_{SG} 的取值更趋于合理;采取适当的措施,尽可能地降低接地电阻,可使得 R_{SG} 的取值更小。这里值得注意的一个问题是,接地电阻一般是频率的函数。因为在频率很高的情况下,接地的连接导线会出现集肤效应现象,从而会导致接地阻抗的增加,这时应选用多股扭绞线作为接地的连接

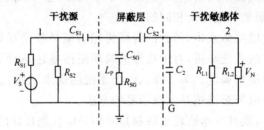

图 6-3　分析电场(容性)干扰耦合的等效电路

导线,并且连接线的长度应尽量短,这样能使集肤效应的现象得到控制,保持接地电阻为最小值。

需要注意的是,接地电阻 R_{SG} 变化导致了电场干扰耦合电压 V_N/V_S 的明显变化。接地电阻越小,电场干扰耦合电压越小;接地电阻越大,电场干扰耦合电压越大。在实际中,接地是抑制干扰耦合的主要措施,而接地电阻的大小是保证措施是否有效的必要条件。

对于干扰源回路或干扰敏感体回路,不管在哪一方采用屏蔽措施,其原理都是相同的。屏蔽层能起到屏蔽的作用,屏蔽层接地是必要的条件。应该指出,如果屏蔽层不采取接地措施,则有可能造成比不采用屏蔽措施时更大的电场干扰耦合。因为采用屏蔽措施后,被屏蔽的屏蔽体的有效截面积要比不采用屏蔽措施时的有效截面积大得多,造成屏蔽体与其他导线之间的距离减小,使得耦合电容增大,因此产生的干扰耦合量也就随之增加。

(2)屏蔽层本身阻抗特性的影响。在上面的分析中,没有考虑到屏蔽层本身阻抗特性的影响。屏蔽层阻抗是沿着屏蔽层纵向分布的,只有在频率较低或屏蔽层纵向长度远远小于传输信号波长的 1/16 时,才能忽略屏蔽层本身阻抗特性的影响,在低频或屏蔽层纵向长度不长时,采用单点接地技术较为适合。

当信号频率很高或屏蔽层纵向长度接近或大于传输信号波长的 1/16 时,屏蔽层本身的纵向阻抗特性就不能被忽略。如果这时屏蔽层仍然采用单点接地技术,那么单点接地将迫使干扰耦合电流流过较长距离后才能入地,结果使干扰电流在屏蔽层纵向方向上产生电压降,形成屏蔽层在纵向方向上的各点电位不相同,这样不仅影响了屏蔽效果,而且由于各点电位不相同还会产生新的附加干扰耦合。为了使屏蔽层在纵向方向上尽可能地保持等电位,当频率较高或屏蔽层纵向较长时,应在每间隔 1/16 信号波长的距离处接地一次。

在接地技术实施过程中,应注意每一个细节问题,否则会留下难以处理的后患。在这里要特别注意一个非常容易被忽视的接地技术问题。在实际的接地施工中,常常是将屏蔽层与被屏蔽的导线分开后,再将屏蔽层接地。此操作是将屏蔽层扭绞成一个辫子形状的粗导线后再接地,而这个辫子形状的粗导线很容易产生寄生(分布)电感。寄生电感对屏蔽层的屏蔽性能有着极为不利的影响,这种影响称为"猪尾(pig tail)"效应,它的等效电路图如图6-4所示。在图6-4中,用 L_P 代表由"猪尾"效应引起的寄生电感。由于 L_P 的存在,使屏蔽层的电场屏蔽性能发生了较大的变化,导致电场干扰耦合电压增加。在某一段频率范围内,会出现电场干扰耦合电压的峰值。干扰电压峰值的形成是因为 L_P 与屏蔽层的分布电容发生谐振现象所引起的,它对屏蔽层的屏蔽性能将会产生极为不利的影响。

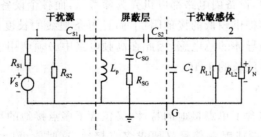

图 6-4 "猪尾"效应等效电路图

另外,还有一种不利于提高屏蔽性能的情况,这种情况在实际工程中也很容易被忽视,那就是在屏蔽电缆与设备或系统的接入点处,如果屏蔽层的长度过短,屏蔽电缆留出的芯线又过长,暴露在屏蔽层之外的电缆芯线得不到屏蔽层的保护会使得整个电缆的电场屏蔽性能降低。

综上所述,要想提高屏蔽层的电场屏蔽效能,除了屏蔽层应有良好的接地之外,还应尽量减小导线(电缆芯线)暴露在屏蔽层之外的长度。

在许多实际应用中,例如金属探测器和无线电方向指示器,只希望对电场进行屏蔽而不希望对磁场进行屏蔽,那么只要将屏蔽层单点接地就可以满足上述要求。因为屏蔽层单点接地不能构成电流回路,从而破坏了屏蔽磁场条件,所以说单点接地不能达到屏蔽磁场的目的,这种屏蔽技术称为"法拉第"屏蔽技术。

五、几种接地技术

接地从字面上看是一件十分简单的事情,但是对于从事电磁干扰的人来说,接地可能是一件非常复杂且难处理的事情。实际上在电子电路设计中,接地也是极难的技术之一。面对一个系统,没有一个人能够提出一个完全正确的接地方案,这是因为接地没有一个系统的理论或模型。当在考虑接地时,设计者只能依靠过去的经验或从书中得到的知识来处理接地问题。接地又是一个十分复杂的问题,在一个场合可能是一个很好的设计方案,但在另一个场合就不一定是好的。接地设计的好坏在很大程度上取决于设计者对"接地"这个概念理解程度的深浅和设计经验丰富与否。接地的方法很多,具体采用哪一种方法稳妥要取决于系统的结构和功能。下面给出几种在电子系统中经常采用的接地技术,这些技术来源于已经被验证成功的经验。

1. 单点接地

单点接地是为许多连接在一起的不同电路提供一个公共电位参考点,这样不同种类电路的信号就可以在电路之间传输。若没有一个公共参考点,传输的信号就会出现错误。单点接地要求每个电路只接地一次,并且全部接在同一个接地点上。该点常常作为地电位参考点。由于只存在一个参考点,因此有的电路的接地线可能会拉得很长,增加了导线的分布电感和分布电容,因此在高频电路中不宜采用单点接地的方法。另外,因为单点接地在各电路中不存在地回路,所以能有效降低或抑制感性耦合干扰。

2. 多点接地

在多点接地结构中,设备内电路都以机壳为参考点,而各个设备的机壳又都以地为参考点。这种接地结构能够提供较低的接地阻抗,而且每条地线的长度都可以很短。由于多根导线并联能够降低接地导体的总电感,因此在高频电路中必须使用多点接地,并且要求每根接地线的长度小于信号波长的1/16。

3. 混合单点接地

混合单点接地既包含了单点接地的特性,又包含了多点接地的特性。例如,系统内的电源需要单点接地,而高频或射频信号又要求多点接地,这时就可以采用混合单点接地的方法。这种接地方法的缺点是接地导线有时较长,不利于高频或射频电路所要求的接地性能,这种方法适用于板级电路的模拟地和数字地的接地方式。如果多点接地与设备的外壳或电源地相连接,并且设备的物理尺寸或连接电缆长度与干扰信号的波长相比很长,就存在通过机壳或电缆的作用产生干扰的可能性。

4. 混合多点接地

这种接地方法不仅包含了单点接地特性，也包含了多点接地特性，是经常采用的一种接地方法。为了防止系统与地之间的互相影响，减小地阻抗之间的耦合，接地层的面积越大越好。由于采用了就近接地，接地导线可以很短，这样不仅降低了接地阻抗，同时还减小了接地回路的面积，有利于抑制干扰耦合的现象发生。

使用交流电供电的设备必须将设备的外壳与安全地线进行连接，否则当设备内的电源与设备外壳之间的绝缘电阻变小时，会导致电击伤害人身安全的事故。对于内部噪声和外部干扰的抑制，需要在设备或系统上有许多点与地相连，主要是为干扰信号提供一个"最低阻抗"的旁路通道。

设备的雷电保护系统是一个能够泄放掉大电流的接地系统，它主要由接闪器（避雷针）、下引线和接地网体组成。雷电接地系统常常要与电源参考地线或安全地线连接，形成一个等电位的安全系统，接地网体的接地电阻应足够小（一般为几欧姆）。这里应该指出，一般对接地的设计要求是指对安全和雷电防护的接地要求，其他接地要求均包含在对系统或设备的功能性设计要求中。

5. 接地的一般性原则

对于低频电路接地的问题，应坚持一点接地的原则，而在一点接地的原则中，又有串联接地和并联接地两种。单点接地是为许多接在一起的电路提供共同的参考点，其中并联单点接地最为简单、实用，这种接地没有各电路模块之间的公共阻抗耦合的问题。每一个电路模块都接到同一个单点接地上，地线上不会出现耦合干扰电流。这种接地方式一般在1MHz以下的工作频率段内能工作得很好，随着使用信号频率的升高，接地阻抗会越来越大，电路模块上会产生较大的共模干扰电压。因此，单点接地不适合高频电路模块的接地设计。

对于工作频率较高的模拟电路和数字电路而言，由于各个电路模块或电路中的元器件引线的分布电感和分布电容，以及电路布局本身的分布电感和分布电容都将会增加接地线的阻抗，因此低频电路中广泛采用的单点接地方法，若在高频电路中继续使用的话，非常容易造成电路间的互相耦合干扰，从而使电路工作出现不稳定等现象。为了降低接地线阻抗和接地线间的分布电感和分布电容所造成的电路间互相耦合干扰的概率，高频电路宜采用就近接地，即多点接地的原则，将各电路模块中的系统地线就近接到具有低阻抗的地线上。一般来说，当电路的工作频率高于10MHz时，应采用多点接地的方式。高频接地的关键技术就是尽量减小接地线的分布电感和分布电容，所以高频电路在接地的实施技术和方法上与低频电路是有很大区别的。

当一个系统中既有低频电路又有高频电路（这是常有的情况）时，应该采用混合接地的原则。系统内的低频部分需要单点接地，而高频部分需要多点接地。一般情况下，可以把地线分成三大类，即电源地、信号地和屏蔽地。所有电源地线都接到电源总地线上，所有的信号地线都接到信号总地线上，所有的屏蔽地线都接到屏蔽总地线上，最后将三大类地线汇总到公共的地线上。

接地问题是一个从表面上看似很简单，但实质上却很复杂的系统工程。良好的接地系统设计,不仅可以有效地抑制外来电磁干扰的侵入,保证设备和系统安全、稳定、可靠地运行。而且还能抑制向外界大自然环境泄漏电磁噪声和释放电磁污染。如果接地系统设计不够理想,不仅不能有效地抑制来自外界的电磁干扰,使设备和系统工作紊乱,同时还会向外界大自然环境中泄漏电磁干扰和释放电磁污染,危害自然环境。因此,对于接地系统的设计问题,必须给予足够的重视,从系统工程的角度出发研究和解决电子电气设备的接地问题。

六、过程通道干扰措施

抑制传输线上的干扰,主要措施有光电隔离、双绞线传输、阻抗匹配以及合理布线等。

1. 光电隔离的长线浮置措施

利用光电耦合器的电流传输特性,在长线传输时可以将模块间两个光电耦合器件用连线"浮置"起来。这种方法不仅有效地消除了各电气功能模块间的电流流经公共地线时所产生的噪声电压互相干扰,而且有效地解决了长线驱动和阻抗匹配问题。

2. 双绞线传输措施

在长线传输中,双绞线是较常用的一种传输线,与同轴电缆相比,虽然频带较窄,但阻抗高,降低了共模干扰。由双绞线构成的各个环路,改变了线间电磁感应的方向,使其相互抵消,因此对电磁场的干扰有一定的抑制效果。

在数字信号的长线传输中,根据传输距离不同,双绞线使用方法也不同。当传输距离在5m以下时,收、发两端应设计负载电阻,若发射侧为 OC 门输出,接收侧采用施密特触发器能提高抗干扰能力。

对于远距离传输或传输途经强噪声区域时,可选用平衡输出的驱动器和平衡接收的接收器集成电路芯片,收、发信号两端都有无源电阻。选用的双绞线也应进行阻抗匹配。

3. 长线传输的阻抗匹配

长线传输时,若收、发两端的阻抗不匹配,则会产生信号反射,使信号失真,其危害程度与传输的频率及传输线长度有关。为了对传输线进行阻抗匹配,首先要估算出它的特性阻抗 R_P。如图 6-5 利用示波器进行特性阻抗测定的方法,调节电位器阻值 R,当 A 门的输出波形失真最小,反射波几乎消失时,这时的 R 值可以认为是该传输线的特性阻抗 R_P 的值。

图 6-5　传输线特性阻抗测定方法

(1)终端并联阻抗匹配:图 6-6(a)中,一般终端匹配电阻阻值 R_1 为 220~2300Ω,R_2 为270~3900Ω,$R_P=R_1/R_2$。由于终端阻值低,相当于加重负载,使高电平有所下降,故高电平的抗干扰能力会有所下降。

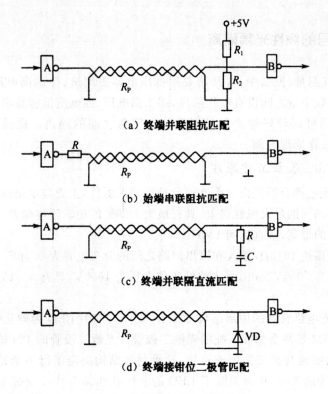

(a) 终端并联阻抗匹配

(b) 始端串联阻抗匹配

(c) 终端并联隔直流匹配

(d) 终端接钳位二极管匹配

图 6-6　传输线的阻抗匹配形式

(2)始端串联阻抗匹配:图 6-6(b)中,匹配电阻 R 的取值为 R_P 与 A 门输出低电平时的输出阻抗(约 20Ω)之差。这种匹配方法会使终端的低电平提高,相当于增加了输出阻抗,降低了低电平的抗干扰能力。

(3)终端并联隔直流匹配:图 6-6(c)中,当电容 C 值较大时,可使其阻抗近似为零,它只起隔离直流的作用,而不影响阻抗匹配,所以只要 $R=R_P$ 即可。而 $C \geqslant 10 \times T(R_1+R_P)$,其中,T 为传输脉冲宽度,$R_1$ 为始端低电平输出阻抗(约 20Ω)。这种连接方式能增加传输线对高电平的抗干扰能力。

(4)终端接钳位二极管匹配:图 6-6(d)中,利用二极管 VD 把 B 门输入端低电平钳位在 0.3V 以内,减少波的反射和振荡,并且可以大大减小线间串扰,提高动态干扰能力。

4. 长线的电流传输

长线传输时,用电流传输代替电压传输,可获得较好的抗干扰能力。例如,以传感器直接输出 0~10mA 电流在长线上传输,在接收端可并联上 500Ω(或 1kΩ)的精密金属膜电阻,将此电流转换为 0~5V(或 0~10V)的电压,然后送入 A/D 转换通道。

5.传输线的合理布局

(1)强电馈线必须单独走线,不能与信号线混扎在一起。

(2)强信号线与弱信号线应尽量避免平行走线,在条件允许的场合下,应努力使两者正交。

(3)强、弱信号平行走线时,线间距离应为干扰线内径的 40 倍。

七、模拟信号的线性光耦隔离

现代电子电气测量、控制中,常常需要用低压电器去测量、控制高电压、强电流等模拟量,如果模拟量与数字量之间没有电气隔离,那么高电压、强电流很容易窜入低压器件,并将其烧毁。线性光耦可以较好地实现模拟量与数字量之间的隔离。此处以线性光耦器件HCNR 200及其工作原理为例。

1. HCNR 200 基本工作原理

HCNR 200 光电耦合器是由 3 个光电元件组成的器件,主要技术指标如下。

(1)具有 ±0.05% 的最大线性误差,具有最大 ±15% 的传输增益偏差。

(2)具有较宽的带宽,从直流到 1MHz 以上。

(3)绝缘电阻高达 1013Ω,输入和输出回路之间的分布电容为 0.4pF。

(4)耐压能力为 5000V/min,最大绝缘工作电压为 1000V,具有 0~15V 的输入/输出电压范围。

HCNR 200 光电耦合器的内部结构如图 6-7 所示,其中 LED 为砷化铝镓(AlGaAs)发光二极管,PD1、PD2 是两个相邻匹配的光敏二极管。光敏二极管的 PN 结在反向偏置状态下运行,它的反向电流与光照强度成正比,这种封装结构决定了每一个光敏二极管都能从 LED 得到近似相等的光强,从而消除了 LED 的非线性和偏差特性所带来的误差。电流 I_f 流过 LED 时,LED 发出的光被耦合到 PD1 与 PD2,在器件输出端产生与光强成正比的输出电流 I_{pd1} 和 I_{pd2},且 $I_{pd1}=K_1I_f$,$I_{pd2}=K_2I_f$,$K=I_{pd2}/I_{pd1}$。K_1、K_2 分别为输入、输出光电二极管的电流传输比,其典型值均在 0.05% 左右。K 为传输增益,当一只 HCNR 200 被制造出来后,其输出侧光电流 I_{pd2} 和输入侧光电流 I_{pd1} 之比是一个恒定值 K,K 在 1 ± 0.15 之间。

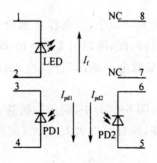

图 6-7　HCNR 200 光电耦合器的内部结构

2. HCNR 200 的基本工作电路

图 6-8 所示为用 HCNR 200 实现的一个简单隔离放大器的基本工作电路,除了光电耦合器外,还用了两个运放和两只电阻。这个电路虽然简单,却清楚地解释了基本的隔离放大电路是如何工作的。简单说来,为了维持运放 A1 的"+"输入端始终为 0 V,A1 将不断地调整流过 LED 的电流 I_f,进而决定 PD1 上的电流 I_{pd1}。比如,增大输入 V_{in},将引起 A1"+"端电压升高,在正、负两端形成一个电压差,经过 A1 放大,输出电压增大,I_f 随之增大,光强提

高，I_{pd1} 也随之增大，直至"+"端电压重新回到 0 V。假定 A1 是理想运放，没有电流流入运放的输入端，所有流过 R_1 的电流都流过 PD1，在运放达到平衡后，有 $I_{pd1}=V_{in}/R_1$。

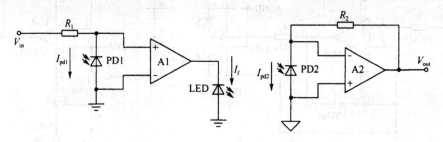

图 6-8 用 HCNR 200 实现一个简单隔离放大器的基本工作电路

I_{pd1} 仅仅决定于输入电压以及 R_1 的值，与 LED 的输出光强特性无关，因此在输入电压与光电二极管的电流之间就建立起很好的线性关系。另外，虽然 LED 的输出光强随着温度的变化而略受影响，但运放 A1 将通过调整 I_f 来进行补偿。由于 HCNR 200 特殊的封装结构，两只光电二极管将得到近似的光强，有 $K=I_{pd2}/I_{pd1}$，运放 A2 和电阻 R_2 将 I_{pd2} 转换为电压输出，有 $V_{out}=I_{pd2}\times R_2$ 因此可得到输入/输出电压的关系：

$$\frac{V_{out}}{V_{in}}=K\frac{R_2}{R_2}$$

可以看出，V_{out} 和 V_{in} 呈线性关系，与 LED 的光强输出特性无关，并且仅仅通过调整 R_1 和 R_2 的值，就可以改变此隔离放大电路的增益。

图 6-8 是单极性输入电路，要求输入电压 V_{in} 必须为正，改变 LED、光电二极管或者运放正负输入端的接法，可以得到更多的适合不同场合的隔离放大电路，比如单极性负输入电路、双极性电路等。

3. HCNR 200 应用电路设计

在图 6-9 中，两只运放及周围阻容元件配合 HCNR 200 构成了隔离电路，对电压较高的模拟量可以进行分压。同时，隔离两侧的供电要严格分开。图 6-9 中第一只运放及 HCNR 200 的 LED 和 PD1 部分采用＋A18 V 和模拟地（AGND）连接，第二只运放及 HCNR 200 的 PD2 部分则由＋18 V 和数字地（GND）相连，实现了电气隔离。根据运放"虚短"和"虚断"的特性，有

$$I_{pd1}=\frac{U_{AIN}}{R_2}$$

$$I_{pd2}=\frac{U_{AOUT}}{R_4+R_5//R_6}$$

从而得到

$$U_{AOUT}=U_{AIN}K(R_4+R_5//R_6)R_2$$

可见，被测电压和输出电压之间存在正比关系，只要适当选取电阻的阻值，就可以得到一定比例的隔离输出电压。

HCNR 200 的 I_f 要求在 1～20mA 之间，典型值为 10mA，图 6-9 所示电路中 R_3 取 1kΩ 比较合适。再根据 I_{pd1} 的限制范围，取 $R_2=200$kΩ。理论上，若 $K=1$，则有 $R_4+R_5//R_6=R_2$。为提高精度，用电位器代替固定电阻 R_6，通过调整 R_6 的大小，可使误差控制在毫伏级。

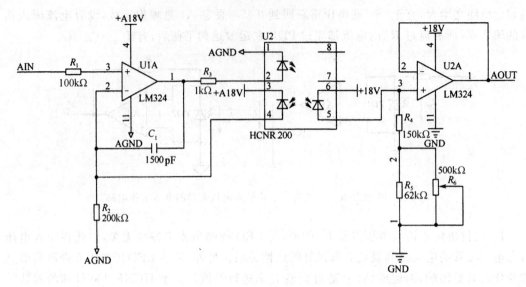

图 6-9　高精度电压检测电路

八、空间干扰抑制

空间电磁辐射干扰的强度虽然小于传导型干扰,但因为系统中的传输线以及电源线都具有天线效应,不但能吸收电磁波产生干扰电动势,而且能自身辐射能量,形成电源线及信号线之间的电场和磁场耦合。防止空间干扰的主要方法是屏蔽和接地,要做到良好屏蔽和正确接地,需注意以下问题:

(1)消除静电干扰最简单的方法是把感应体接地,接地时要防止形成接地环路。

(2)为了防止电磁场干扰,可采用带屏蔽层的信号线(绞线型最佳),并将屏蔽层单端接地。信号少时采用双绞线,5 对以上信号线尽量采用同轴电缆传送,建议选用通信用塑料电缆,因为这种电缆是按照抗干扰要求设计制造的,对于抗电磁辐射、线间分布电容及分布电感均有相应的措施。短距离传送可以用扁平电缆,但为了提高抗干扰能力,应将扁平电缆中的部分线作为备用线接地。

(3)不要把导线的屏蔽层当作信号线或公用线来使用。

(4)在布线方面,不要在电源电路和检测、控制电路之间使用公用线,也不要在模拟电路和数字脉冲电路之间使用公用线,以免互相串扰。

九、软件抗干扰技术

各种形式的干扰最终会反映在系统的微机模块中,导致数据采集误差、控制状态失灵、存储数据被篡改以及程序运行失常等后果,虽然在系统硬件上采取了上述多种抗干扰措施,但仍然不能保证万无一失,因此,软件抗干扰措施的研究越来越受到人们的重视。

1. 实施软件抗干扰的必要条件

软件抗干扰属于微机系统的自身防御行为。采用软件抗干扰的必要条件包括:

(1)在干扰的作用下,微机硬件部分以及与其相连的各功能模块不会受到任何损毁,或易损坏的单元设置有监测状态可查询。

(2)系统的程序及固化常数不会因干扰的侵入而变化。

(3)RAM区中的重要数据在干扰侵入后可重新建立,并且系统重新运行时不会出现不允许的数据。

2. 数据采样的干扰抑制

(1)抑制工频干扰:工频干扰侵入微机系统的前向通道后,往往会将干扰信号叠加在被测信号上,特别当传感器模拟量接口是小电压信号输出时,这种串联叠加会使被测信号被淹没。要消除这种串联干扰,可使采样周期等于电网工频周期的整数倍,使工频干扰信号在采样周期内自相抵消。实际工作中,工频信号频率是变动的,因此采样触发信号应采用硬件电路捕获电网工频,并发出工频周期的整数倍的信号输入微机。微机根据该信号触发采样,这样可提高系统抑制工频串模干扰的能力。

(2)数字滤波:为消除变送通道中的干扰信号,在硬件上常采取有源或无源 RLC 滤波网络实现信号频率滤波。微机可以用数字滤波模拟硬件滤波的功能。

①防脉冲干扰平均值滤波:前向通道受到干扰时,往往会使采样数据存在很大的偏差,若能剔除采样数据中个别错误数据,就能有效地抑制脉冲干扰。采用"采四取二"的防脉冲干扰平均值滤波的方法,在连续进行 4 次数据采样后,去掉其中最大值和最小值,然后求剩下的 2 个数据的平均值。

②中值滤波:对采样点连续采样多次,并对这些采样值进行比较,取采样数据的中间值作为采样的最终数据。这种方法也可以剔除因干扰产生的采样误差。

③一阶递推数字滤波:这种方法是利用软件实现 RC 低通道滤波器的功能,能很好地消除周期性干扰和频率较高的随机干扰,适用于对变化过程比较慢的参数进行采样。一阶递推滤波的计算公式为

$$y_n = ax_n + (1-a)y_{n-1}$$

式中,a 为与数字滤波器的时间常数有关的系数,a = 采样周期/(滤波时间常数 + 采样周期);x_n 为第 n 次采样数据;y_n 为第 n 次滤波输出数据(结果)。

a 取值越大,其截止频率越高,但它不能滤除频率高于采样频率二分之一(奈奎斯特频率)的干扰信号。对于高于奈奎斯特频率的干扰信号,应该用硬件来滤除。

(3)宽度判断抗尖峰脉冲干扰:若被测信号为脉冲信号,由于在正常情况下,采样信号具有一定的脉冲宽度,而尖峰干扰的宽度很小,因此可通过判断采样信号的宽度来剔除干扰信号。首先对数字输入口采样,等待信号的上升沿到来(设高电平有效),当信号到来时,连续访问输入口 n 次,若 n 次访问中,该输入口电平始终为高,则认为该脉冲有效。若 n 次采样中有不为高电平的信号,则说明该输入口受到干扰,信号无效。这种方法在使用时,应注意 n 次采样时间总和必须小于被测信号的脉冲宽度。

(4)重复检查法:这种方法是一种容错技术,是通过软件冗余的办法来提高系统的抗干扰特性,适用于缓慢变化的信号抗干扰处理。因为干扰信号的强弱不具有一致性,因此,对被测信号多次采样,若所有采样数据均一致,则认为信号有效,若相邻两次采样数据不一致,或多次采样的数据均不一致,则认为是干扰信号。

(5)偏差判断法:有时被测信号本身在采样周期内产生变化,存在一定的偏差(这往往与

传感器的精度以及被测信号本身的状态有关)。这个客观存在的系统偏差是可以估算出来的,当被测信号受到随机干扰后,这个偏差往往会大于估算的系统偏差,可以据此来判断采样是否为真。其方法是:根据经验确定两次采样允许的最大偏差 Δx。若相邻两次采样数据相减的绝对值 $\Delta y > \Delta x$,表明采样值 x 是干扰信号,应该剔除,而用上一次采样值作为本次采样值;若 $\Delta y \leqslant \Delta x$,则表明被测信号无干扰,本次采样有效。

3. 程序运行失常的软件抗干扰措施

系统因受到干扰侵害致使程序运行失常,是由于程序指针 P 被篡改。当程序指针指向操作数,将操作数作为指令码执行时,或程序指针值超过程序区的地址空间,将非程序区中的数据作为指令码执行时,都将造成程序的盲目运行,或进入死循环。程序的盲目运行,不可避免地会盲目读/写 RAM 或寄存器,而使数据区及寄存器的数据发生篡改。对程序运行失常采取的对策包括:

(1)设置 Watch dog 功能,由硬件配合,监视软件的运行情况,遇到故障进行相应的处理。

(2)设置软件陷阱,当程序指针失控而使程序进入非程序空间时,在该空间中设置拦截指令,使程序避入陷阱,然后强迫其转入初始状态。

十、铁氧体插损器

1. 铁磁性材料(铁氧体)特性

在抑制电磁波辐射干扰时,经常利用铁磁性材料的特性来达到抗干扰设计的要求,用得最多的一种铁磁性材料就是铁氧体材料。铁氧体材料常常被制作成各种各样的屏蔽腔体或屏蔽构件,以达到抑制干扰的设计要求。铁氧体材料最重要的特性就是它的复磁导率特性。复磁导率与铁氧体材料的阻抗有着非常紧密的联系。铁氧体材料的应用范围主要有以下 3 个方面:

(1)低电平信号系统中的干扰抑制。

(2)电源系统中的干扰抑制。

(3)电磁辐射干扰的抑制。

不同的应用对铁氧体材料的特性以及铁氧体的形状有着不同的要求。在低电平信号的应用中,要求的铁氧体材料的特性由磁导率来决定,并且铁氧体材料的损耗越小越好,同时还要求其具有良好的磁稳定性,也就是说,随时间和温度的变化,铁氧体的磁特性变化越小越好。这种铁氧体的应用范围有:高电荷量(Q)的电感器、共模电感器、宽带匹配脉冲变压器、无线电发射天线、有源发射机和无源发射机。

在电源系统应用方面,要求铁氧体材料在工作频率和温度特性上,具有很高的磁通密度和很低的磁损耗特点。在这方面的应用范围包括开关电源、磁放大器、DC-DC 变换器、电源小型滤波器、触发式线圈和用于车载电源蓄电池充电装置中的变压器。

2. 磁导率对电磁干扰的影响

在应用铁氧体抑制电磁干扰方面,对铁氧体性能影响最大的是铁氧体材料的磁导率特性。磁导率与铁氧体本身的特性阻抗有着密切的关系,它们之间存在着正比关系。铁氧体一般通过 3 种方式来抑制传导或辐射电磁干扰。

　　第 1 种方式,是将铁氧体制成实际的屏蔽层来将导体、元器件或电路与周围环境中的杂散干扰电磁场隔离开,但这种方式不常用。第 2 种方式,是将铁氧体用作电容器,形成低通滤波器的特性。在低频段提供衰减较小的感性-容性通路,而在较高的频段范围内衰减较大,这样就抑制了较高频段范围内的电磁干扰。第 3 种方式,也是最常用的一种应用方式,就是将铁氧体制成铁氧体芯,单独安装在元器件的引线端或电路板上的输入/输出引线上,以达到抑制辐射干扰的目的。在这种应用中,铁氧体芯能够抑制任何形式的寄生电磁振荡、电磁感应、传导辐射等在元器件引线端或与电路板相连的电缆芯线中的干扰信号。

　　在第 2 种和第 3 种方式的应用中,就是利用铁氧体芯能够消除或衰减出现在源端的电磁干扰的高频电流,达到抑制传导或辐射干扰的目的。铁氧体材料具有在高频段能够提供足够高的高频阻抗来减小高频干扰电流这一特性。从理论上来讲,较为理想的铁氧体能够在高频段范围内提供较高阻值的阻抗,而在其他频段上提供低值阻抗。但是在实际中,铁氧体芯的阻抗值是随着频率变化而变化的,一般情况下,在低频段范围内(低于 1MHz 以下),不同材料的铁氧体,给出的最高阻抗值在 50～300Ω 之间。在频率范围为 10～100MHz,会出现更高的阻抗值。

　　铁氧体的复磁导率参数是一个非常重要的参数,它的大小直接影响着铁氧体材料抑制电磁干扰性能的好坏。为了研究问题方便,同以往的电压、电流参数一样,使用复参量来表示磁导率更为实际,称为复磁导率。材料的复磁导率由两部分组成,即实部和虚部。用 μ' 代表实部,它的变化与磁场变化保持同相;μ'' 代表虚部,它的变化与磁场变化保持反相。所谓同相是指磁感应强度 B 与磁场强度 H 能够同时达到最大值和最小值,即保持同相;反相是指磁感应强度与磁场强度的相位相差 90°。

　　复磁导率的实部和虚部可以表示为串联形式和并联形式,分别用 $\mu s'$、$\mu s''$ 和 $\mu p'$、μ'' 表示。复磁导率是频率的函数,初始磁导率为 125 的镍锌铁氧体。在临界频率以下时,随着频率的增加,磁导率的实部为常数;当频率超过临界频率以后,磁导率的实部随频率升高迅速降低。磁导率的虚部先随频率的升高而增加,当达到临界频率后,与 $\mu s'$ 一同下降。$\mu s'$ 的这种下降,是由自旋共振铁磁谐振现象而引起的。值得注意的是,磁导率越大的铁氧体材料发生自旋共振的频率值越低。

　　当铁氧体材料用于低电平信号系统和低功率电源系统时,所涉及的频率参数都低于上述频率值,因此,应用在低电平信号系统和低功率电源系统方面时,很少讨论铁氧体磁导率和磁损耗等参数。当应用在高频环境中时,例如,用于抑制电磁干扰方面,就必须给出铁氧体磁导率或磁损耗的频率特性参数。

　　3. 铁氧体的特性阻抗

　　在大多数情况下,由于测量复磁导率值非常困难,而测量阻抗却非常容易,因此在抑制电磁干扰方面常常给出铁氧体的特性阻抗参数。因为铁氧体材料的特性阻抗也是频率的函数,所以只在几个频率点上给出特性阻抗值是不能全面地反映出材料的频率特性的,同时只有复阻抗矢量的标量幅值而没有相位值也是不够的。为了完整地反映出铁氧体材料的特性,必须要知道材料的复阻抗的幅值和相角参数。在选用铁氧体材料时,应预先知道下面几个方面的内容:

　　(1)干扰信号的频率范围及功率大小。

(2)电磁干扰源(辐射源或传导源)的性质。

(3)工作条件或工作环境。

(4)系统中连接器或滤波器周围存在多个回路和器件引线引脚时,是否需要高阻抗。

(5)电路输入和输出阻抗、电源和负载等。

(6)工作时应考虑的衰减量。

(7)系统中可用的空间。

根据上述条件,在设计阶段就可以在相关的频率点上确定铁氧体材料的复磁导率值,同时还要注意环境温度和电磁场强度的影响,最后,确定铁氧体材料的几何形状及应有电抗值和阻抗值。下面给出用磁导率来表示铁氧体材料阻抗的表达式:

$$Z = j\omega(\mu' - j\mu'')L_0$$

式中,μ'为复磁导率的实部,μ''为复磁导率的虚部,j为虚部矢量,L_0为铁氧体材料空心时的电感量。

铁氧体材料的阻抗也可以看作感抗 X_L 和损耗阻抗 R_s 的串联形式。它们都与频率有着密切的关系:

$$Z = R_s + j\omega L_s$$

式中,R_s 为损耗阻抗的总和。$R_s = R_M + R_E$,R_M 代表磁损耗等效阻抗,R_E 代表电损耗等效阻抗。

在低频段的范围内,铁氧体材料的阻抗主要是电感抗。随着频率的升高,电感抗随之增加,阻抗增加,插入损耗增加。电感抗与材料复磁导率的实部成正比,而损耗阻抗与复磁导率的虚部成正比。如果知道了不同铁氧体的复磁导率值,那么就可以比较各种铁氧体材料的特性,以选择出在所用的频率范围内最适合的铁氧体材料。在确定了铁氧体材料后,再选择最佳的铁氧体材料的外形几何尺寸,使之达到设计的需要。

从上面的研究中可知,铁氧体材料阻抗是抑制电磁干扰的主要参数,但是最终常常需要知道在现有阻抗值情况下的衰减量是多少。阻抗与衰减量之间的关系为

$$L_S = 20\log \frac{Z_s + Z_{Fe} + Z_L}{Z_s + Z_L}$$

式中,L_S 为衰减量,Z_s 为源阻抗,Z_{Fe} 为铁氧体材料阻抗,Z_L 为负载阻抗。各参数的关系依赖于铁氧体材料阻抗和负载阻抗,它们的值常常为复数。当电源是开关电源时,源阻抗和负载阻抗值均较低。负载为低阻抗时,可以在不同的铁氧体材料之间进行比较。

上面所述都是假设铁氧体材料是圆柱形的。如果铁氧体材料需要制成扁平电缆、电缆束或多孔平面,则计算将要变得非常复杂,并且要相当精确地知道铁氧体材料的长度和有效面积,这可以通过分段计算来得到,通过每部分的有效面积能够求出铁氧体材料长度的总和。阻抗值直接与铁氧体材料长度成比例。

4.铁氧体插损器件及应用

铁氧体插损器件就是利用铁氧体材料制成的,它是在不同频段内具有不同插入损耗值的一种器件,可以作为电缆和连接器等来抑制射频干扰。这种器件使用最简单、最方便和最有效,因而被广泛使用。它们既可衰减射频干扰信号,也可在不降低直流或低频信号能量的情况下,抑制无用的高频振荡信号。

铁氧体的基本成分是氧化铁和一种或多种高能量材料,最常用的是锰、锌、钴、镍等。可

以选用现有的各种形状和尺寸的铁氧体器件,在特殊情况下也可以制出需要的形状和尺寸。影响铁氧体抑制干扰性能的参数主要是电、磁和结构关系的性能特征参数。目前有多种不同的计算公式和性能级别判定规则,每一种公式都有对应的量子比。最常用的表示铁氧体抑制干扰性能的参数是磁导率,它是磁感应强度与磁场强度的比值,材料通常根据初始的磁导率来分类。在常用的射频频段范围,从 $10\text{MHz} \sim 1\text{GHz}$,高频寄生频率是主要考虑的因素。选用一定的铁氧体材料,能非常有效地抑制高频寄生频率的干扰信号。例如,当微处理器主频率高于 100MHz 时,高频寄生干扰信号的频率最大可达 700MHz 左右。

选择铁氧体插损器件时,要根据不同频段的敏感度来进行匹配。当安装了铁氧体插损器件时,低频信号的损耗非常小,能够顺利通过,信号能量不会有明显的降低,但对频率较高的信号,铁氧体对其产生比低频区域更高的阻抗,从而有选择地抑制掉高频干扰信号。为了理解铁氧体插损器件在各种实际工程中的应用,下面给出具体的在应用中需要确定的因素:

(1)需要最大衰减的频率范围。

(2)需要衰减的大小。

(3)铁氧体磁导率与相关频段特性。

(4)铁氧体器件与需要解决的问题的匹配性(例如,预期的衰减性能波动范围)。

(5)安装环境和结构形状的匹配要求。

要求衰减的频率范围必须对应于给定铁氧体器件的特性。这种特性要求,对需要抑制的干扰信号要有最大的衰减值。即便是同一种铁氧体器件,当源阻抗和负载阻抗改变时,铁氧体器件所能提供的插入衰减量也会随之做相应的改变。当源阻抗和负载阻抗为低阻抗时,铁氧体器件则更加有效。例如,将阻抗为 500Ω 的铁氧体器件用于阻抗为 50Ω 的电路中,插入衰减值为 21dB。同一种铁氧体器件如果应用于阻抗为 1Ω 的电路中,则插入衰减值就为 54dB,提高了 33dB。

对于高阻抗电路,可以通过在铁氧体器件上增加绕制圈数或增加铁氧体数量来获得相同级别的插入衰减值。通过增加穿过铁氧体器件的绕制匝数来增加有效磁通,阻抗以匝数 N 的平方级增加,例如,绕制的匝数为 2,阻抗增加 4 倍,绕制的匝数为 4,则阻抗增加 16 倍。当铁氧体器件的体积增加时,阻抗成正比增加。例如,当铁氧体器件的体积增加了 100% 时,则阻抗一般情况下也会增加 100%。

另外,也可以采用逆向的方法来选择所需要的铁氧体器件。例如,要求扁平带状电缆在 100MHz 时产生 15dB 的插入损耗,通过公式

$$L_{\text{S}} = 20\log\frac{Z_{\text{S}} + Z_{\text{Fe}} + Z_{\text{L}}}{Z_{\text{S}} + Z_{\text{L}}}$$

计算可知,$L_{\text{S}} = 15\text{dB}$,$Z_{\text{S}} = Z_{\text{L}} = 25\Omega$,故有

$$20\log\frac{25\Omega + Z_{\text{Fe}} + 25\Omega}{25\Omega + 25\Omega} = 15\text{dB}$$

则 $Z_{\text{Fe}} \approx 231.25\Omega$。

根据铁氧体器件插入衰减参数与型号对照表,可以选择出最适合扁平带状电缆的铁氧体器件为 FD28 B2408,其在 100MHz 时的阻抗为 250Ω。

当铁氧体器件应用于电路中以后,最终的效果还是要由试验来确定。尽管铁氧体材料本身的特性是线性的,但是其特性与工作温度有相当密切的关系,磁导率在不同的温度下会

有不同的数值。一般情况下给出的是在 15℃ 时的初始磁导率,在正常温度范围,即 15~82℃ 范围内铁氧体器件的阻抗值变化不是很大。

由铁氧体材料制成的插入衰减器(铁氧体插损器)的使用与安装非常便捷,只需要扣在需要抑制干扰的控制线或电缆线上即可,还可以安装在线缆的端接处。在电缆通道上辐射信号的频率通常都会超出 30MHz,这样的电缆起着辐射天线的作用。另外,系统中的电子线路,在传输高速的信号时,由于其传输通道具有传输线的特性,使得系统中的电子线路成为性能极佳的天然辐射天线,这样的辐射天线会传导、辐射、接收不需要的高频干扰信号。解决的方法是将铁氧体插损器放置在正确位置,干扰信号便可以得到有效抑制。

较为常用的铁氧体插损器是一种对开式的插损器,它使用安装非常方便,适用于许多场合。对开式铁氧体插损器具有较高的磁导率,相对铁氧体滤波器来讲性能较为稳定,不会有较高的涡流损耗,与其他材料制成的插损器相比,铁氧体材料单位体积的阻抗值可以做到非常高,这是铁氧体材料的最大优点。下面给出几种铁氧体衰减器的应用示例以及外形结构,使大家有一个感性的认识。

(1)胶豆夹型铁氧体衰减器:胶豆夹型铁氧体衰减器可以扣在电缆上,而且不能再打开,从而保证了衰减器不能被移动或拆除。紧锁搭扣可防止夹子在电缆上径向移动,可用于直径为 0.5~3.0mm 的线上。这种衰减器对空间有限和侧面低的场合特别适用,可有效地替换内卡型、紧缩管、捆紧物、绑带式或其他辅助的安装方式。

(2)电缆夹钳型铁氧体衰减器:电缆夹钳型铁氧体衰减器固附在尼龙带上,适用于直径在 25.4mm 以内的线缆,衰减器带有螺钉安装孔。

(3)高阻抗套管夹型铁氧体衰减器 I:这种铁氧体衰减器带有随意安装的底座,能够抑制传输速率较高的大规模设备或微型处理器的工作频率以外的寄生谐波信号,特别适用于通信转换设备、本地局部网和分系统集成设备,可以非常方便地装配在电缆和传输线上,也可通过底部螺钉穿孔来固定。

(4)高阻抗套管夹型铁氧体衰减器 II:这种铁氧体衰减器带有孔径可变的进/出窍端和随意安装的底座,其他性能与高阻抗套管夹型铁氧体衰减器I相同,适用于直径 6.4~11mm 的电缆。

(5)高阻抗复合绕制套管夹型铁氧体衰减器:这种铁氧体衰减器的阻抗值非常高,并且带有复合绕制的套管夹,具有电缆绕制穿透能力。通过增加穿过磁芯的电缆环路数目,能够非常有效地增加磁通路数目,提升阻抗。阻抗的增加值与圈数 N 的平方成正比。

(6)扁平电缆夹钳型铁氧体衰减器 I:扁平电缆夹钳型铁氧体衰减器 I 带有胶带安装部分,铁氧体贴装在尼龙带上,通过撕掉底盘上的保护纸,即可压装到需要安装的部位,安装使用便捷,适用于 50 芯范围内的扁平电缆。

(7)扁平电缆夹钳型铁氧体衰减器 II:扁平电缆夹钳型铁氧体衰减器 II 具有完整的外部结构和胶带安装底座。铁氧体贴装在尼龙带上,尼龙带结构完整。适用于 64 芯范围内的扁平电缆。内部的锁紧扣带可将夹钳固定在电缆上。通过将底座胶带保护纸撕掉,实现便捷安装。

不同的铁氧体抑制元件有着不同的最佳抑制频率。通常磁导率越高,抑制的频率就越低。此外,铁氧体的体积越大,抑制效果越好。在体积一定时,长而细的形状比短而粗的抑制效果好,内径越小,抑制效果也越好。但在有直流或交流偏流的情况下,还存在铁氧体饱和的问题,抑制元件横截面越大,越不易饱和,可承受的偏流越大。

铁氧体抑制元件应当安装在靠近干扰源的地方。对于输入/输出电路,应尽量靠近屏蔽壳的进、出口处。对铁氧体磁环和磁珠构成的吸收滤波器,除了应选用高磁导率的有耗材料外,还要注意它的应用场合。它们在线路中对高频成分所呈现的电阻是 10Ω 至几百欧姆,因此在高阻抗电路中的作用并不明显,相反,在低阻抗电路(如功率分配、电源或射频电路)中使用将非常有效。

第七章

机电设备的安装、检测与维修

第一节　机电设备安装项目管理的技术要点分析

作为工程项目的一个非常重要的环节,机电设备的安装意义重大,所以要努力强化机电设备安装的管理工作。

一、机电设备安装工程的施工特点

1. 施工周期长

机电设备安装工程的装备安装与整合所用的时间较长,主要涉及设备的购买,然后是安装、试行以及生产运行,最后是正式投入使用。这期间消耗的时间较多,施工周期长。

2. 涉及面广

机电设备安装工程所牵扯到的工程面比较广,主要包括电子电器、大型机械、电子自动化、仪器仪表、建筑工程、消防通道、管道、环境保护等各个工程。比如政府大楼的电路安装项目,涉及当地的物价局、监察局、物业管理局和项目的代理商等多个部门和单位。

3. 协调管理工作多

作为一项整体的项目工程,机电设备安装涉及很多部门与专业。在部门之间的协调上,要与技术部门、统计部门、管理部门和具体的施工部门之间通力合作,保证工作的有序性和整体工程的合理性,有利于促进工作顺利完成。

二、机电设备安装工程管理技术要点分析

1. 做好机电设备安装的质量管理

在安装的前期,要了解与掌握安装材料的整体性能,采取多方手段保证材料的安全性和规范性,以免发生一些不必要的安全事故。同时,监察人员要监督工程材料质量,将工程项目的质量合理地控制在规范范围内。此外,要采用新的管理方式努力提高工作人员的素质和专业素养,增强其安全意识,提升其工作积极性,从而保证安装工程的质量。

2. 实现对机电设备安装的安全管理

安全生产是最重要的,因为"生命大于天",所以在工程的安装过程中,要努力做好对安全的管理。只有将安全摆在首位,真正培养施工人员的安全意识,才能在项目的进行过程中增强施工人员的安全素养,从而使得一切工程符合规范。在消防机电安装方面,对于火灾报警控制器,要保证底边距地 $1.3\sim1.5\text{m}$,与靠近门轴的侧面距离不应小于 0.5m,正面操作距离不应小于 1.2m。如果落地安装,当设备单列布置时,正面操作距离不应小于 1.5m。双列布置时正面操作距离不应小于 2m,后面板距墙不应小于 1m。对于值班人员经常工作的一面,距墙不应小于 3m,底边高出地面 $0.1\sim0.2\text{m}$,应有接地保护,并且标志明显。采用专用接地装置,接地电阻不应大于 4Ω;采用共用装置,接地电阻不应大于 1Ω。应采用专用接地干线,设专用接地板并引至接地体。专用接地干线为横截面不小于 25mm^2 的铜芯绝缘导线。

三、机电设备安装项目管理的内涵与策略

1. 对项目工程的进度管理

为了做好机电设备安装项目的管理工作,保证进度,需要建立起相关的进度控制体系。这个体系中应包括经理、项目负责人,还有其他涉及的主管部门及负责人。只有建立进度控制体系,才能做好机电设备安装项目的施工管理。作为一项十分复杂的施工项目,在施工过程中,不单单只有一个建筑机构在工作,还有其他多个部门,彼此之间应互相配合。只有合理地把握进度,合理分配任务,确保每一项任务都能够赶上进度,才能进一步保证项目工程的实施,有利于项目的及时完成。

2. 对项目工程的质量管理

作为一个服务于社会的项目工程,对工程质量的把握是非常重要的,而且工程不能打倒重做,所以要求在施工期间就要把控质量。材料质量是工程质量的主要方面,工作人员的施工情况及后期的保养情况等都会对项目的质量产生影响。从始至终,都必须把质量监管放在重要位置,对生产和安装过程中产生的问题进行全面的控制,从而严格控制机电设备安装工程的整体质量,保证工程的进一步实施。比如,汇丰大厦的施工人员在管道井的安装方面做到了以下几点:

(1)安装管道,排列整齐;

(2)标识清楚、美观;

（3）不将管道支架设置在管道焊缝上；

（4）没有利用法兰、螺栓、吊挂支撑其他设备。

3．对项目工程的成本管理

作为一项大型的工程项目，对资金的掌握是非常重要的。对项目成本的管理工作能够体现出工程的整体性，以及对各项机电设备安装项目管理工作的成果检验。对整个工程的成本进行控制，是后续工作能够顺利进行的前提和保证。为了控制成本，需要建立一定的管理体系，并监督项目合同的检验部门，以保证后续工程的开展。制作相关的成本计划表，能够一目了然地把握项目成本。在此基础上，分责到人，并依据总表制订合理的措施来控制成本。另外，还需定期检验成本，采取合理的措施修改和检验，查漏补缺，不断优化工作。

4．对项目工程的安全管理

一项工程的安全监管部门是必不可少的。只有在安全措施得到保障的情况下，才能够将机电设备安装项目的管理工作做得更好。要做好项目工程的安全管理工作，就需要做到以下几点：

（1）建立科学、规范的安全管理体系，确保每一位进入工程施工现场的人员的安全。

（2）妥善处理项目工程的大环境，在大环境没法控制的情况下，努力做到整体预防小环境，把危险性降到最低，由此来保障工程的安全管理工作。

荣获鲁班奖的经典的机电安装工程（管井电井），在门口处砌筑了长15cm，宽5cm的挡水台，离桥架或母线2～3cm，并用防火泥填实。

5．对项目工程的财务管理

财务优先的原则，尤其在庞大的数据管理中能够得到体现。因为作为财务，掌握的是整个项目工程的资金工作，所以在财务管理上，需要有一个系统的工作表。这样能够方便财务部门将工程从开始到最终收尾所产生的资金往来完整地体现在表格中，有利于财务部门对钱财的管理和财务状况的总结。

总体来说，作为一项大型的工程项目，机电设备安装项目管理不仅要做到完善与所涉及的部门、单位及员工的管理，还要做到进度管理、质量管理、成本管理及财务管理等。这样才能使一项工程完整地收尾，有利于企业的扩大和效益的提升。

第二节　机电设备安装过程中常见技术问题及解决办法

随着生活水平和施工技术的不断提高，人们不仅重视建筑物本身的质量和使用功能，也开始重视建筑物相应的一些机电设备等附属物的质量和使用功能。机电安装工程安装技术的好坏将直接影响建筑使用质量的高低。因此，提高建筑工程设备安装技术，保障工程设备安装质量，已经成为建筑施工企业管理中的一项重点内容。

一、机电设备安装过程中常见技术问题

一般来说,机电设备安装中常见的技术问题主要包括:螺栓连接问题、振动问题、超电流问题、电气设备问题。下面对这些常见的问题进行分析。

1. 螺栓连接问题

螺栓、螺母连接是机电行业的一种最基本的装配。连接过紧时,螺栓在机械力与电磁力的长期作用下容易产生金属疲劳,发生剪切或螺牙滑丝等;连接过松的情况,使部件之间的装配松动,引发事故。对于电气工程传导电流的螺栓、螺母连接,不仅要注意其机械效应,更应注意其电热效应,压接不紧,接触电阻增大,通电时产生发热—接触面氧化—电阻增大的恶性循环,直至严重过热,烧熔连接处,造成接地短路、断开事故。对于一次设备及母线,连接线的并沟线夹、T形线夹、设备线夹、接线相等都可能因此产生不同程度的事故。

2. 振动问题

电机转子不平衡,轴承间隙大,转子和定子相摩擦,转子与壳体同心度差等,这些都是机械方面的问题。泵的转子不平衡,轴承间隙大,转子和定子气隙不均匀,主要是工艺操作参数偏离泵的额定参数太多,引起泵的运行不平稳。由于旋转的惯性力和偏心不平衡产生的扰力,会引起设备部件产生强迫振动,通过设备底座、管道与建筑物的连接部分产生振动和噪声,并以固体声和空气声波的形式向周围空间辐射噪声进行传播,给人们的生活、学习、工作带来影响。

3. 超电流问题

泵的轴承损坏,转子与壳体相摩擦,泵内有异物等;电机功率偏小,过载电流整定偏小,线路电阻偏高,电源缺相等;所送介质超过泵的设计能力,如密度大、黏度高、需求量高等,都会造成超电流问题。

4. 电气设备问题

安装隔离开关时动、静触头的接触压力与接触面积不够或操作不当,可能导致接触面的电热氧化,使接触电阻增大,灼伤、烧蚀触头,造成事故。断路器弧触指及触头装配不正确,插入行程、接触压力、同期性、分合闸速度达不到要求,将使触头过热、熄弧时间延长,导致绝缘介质分解,压力骤增,引发断路器爆炸事故。电流互感器因安装检修不慎,使一次绕组开路,将产生很高的过电压,危及人身与设备安全。有载调压装置的调节装置机构装配错误,或装配时不慎掉入杂物,卡住机构,也将发生不同程度的事故。在安装主变吊芯和高压管等主要工作时不慎掉入杂物,器身、套管内排水不彻底,密封装置安装错误,或者在安装中损坏,都会使主变绝缘强度大为降低,可能导致局部绝缘破坏或击穿,造成恶性事故。

二、解决机电设备安装技术问题的对策

1. 做好安装准备工作

安装之前反复对其进行外观质量检查。如:各种螺栓、螺母有无松动;焊接件焊缝处有

无裂纹、气孔等缺陷;燃润油及水、气的储量和管道接头是否牢固,有无泄漏;电路布线是否整齐,绝缘性能如何;所有旋转、往复运动部位的安全保障机件的有效、齐全程度等。此外,还应进一步查看安装所需的小型机具、材料的准备情况。

2. 强化机电设备安装施工管理

安装过程中,随时对设备主机各总成、部件及附属设备做外观质量检查。安装现场要由专人负责指挥。高空作业安装应采取相应的安全防范措施。安装人员全部佩戴安全帽。安装工作按顺序进行,分工协作,如机械部分由机械人员负责安装,电气部分由电气人员负责连接。安装完成后,对设备安装的完整性、合理性、安全性等进行检查。如果发现问题,应做好分析,找出问题的症结,用最好、最快的办法给予解决,保证设备能准时进入调试程序。

3. 安装结束后应进行全面综合的调试工作

综合调试是整个机电安装工程的最后阶段,它对整个工程能否正常启用起到关键作用。机电设备安装调试成功的标志是设备安装调试完成,生产考核合格,经济和技术性能符合订货合同规定指标,具备工业化生产条件。机电设备安装调试结束之后,要进行技术验收和总结。经过对安装调试技术报告、设备有关文件、单证等资料的审查及现场的考察,才可决定能否通过技术验收。

三、完善和加强机电设备安装技术的对策

1. 进行施工组织设计并按设计要求施工

施工组织设计和设备、设施选择是经有关科技人员共同研究商定的。通过技术计算和验算,既有其使用价值,又可保证良好的经济效益,不能随便更改选用设备,否则会影响基础工作的进展。每一项机电设备安装工作顺序都有其科学性。本工程的计划排队是经过多方面的考虑,经过技术论证排出的,是有科学根据并有一定指导性的,不能随便改动,否则会造成误工、窝工,工程进度接不上。每一种设备的安装,都有很严格的技术要求,只有按设计技术要求施工,才能减少不必要的时间流逝和材料消耗。一种设备的基础是经过设计部门的计算设计出来的,按要求施工,才能保证质量,保证安全。

2. 按常规安装方式对设备进行安装

每种设备的安装,都有一定的作业方式和工作顺序,不能急于求成,颠倒工序。安装过程中,随时对机电设备的主机各总成、各部件及附属设备做外观质量检查。安装现场由专人负责指挥,并采取相应安全防范措施。安装人员全部佩戴安全帽,安装工作按顺序进行。安装分工协作,如机械部分由机械人员负责安装,电气部分由电气人员负责安装。安装后,对设备安装的完整性、合理性、安全性等进行检查。发现问题立即分析,找出问题的症结,用最好、最快的办法给予解决,保证设备准时进入调试程序。

3. 提高机电工人整体素质

机电工人素质低是造成安装速度和安装质量低的人为因素。机电工人在安装前,必须经过岗前培训,掌握一般安装知识,熟知安装标准,在安装时做到该找平的必须找平,该连接的部位螺栓必须一条不少,该穿地脚螺栓的部位必须一条不少;电工在设备供配电上应做到按规

程规范接电,对供电设备开关、控制盘应做到提前检修,接好电后必须对设备进行试运转。

第三节　机电类特种设备专用无损检测技术

　　无损检测是建立在现代科学技术基础上的一门应用型技术学科。无损检测技术是利用物质的某些物理性质因存在缺陷或组织结构上的差异使其物理量发生变化这一现象,在不损伤被检物使用性能及形态的前提下,通过测量这些变化来了解和评价被检测的材料、产品和设备构件的性质、状态、质量或内部结构等的一种特殊的检测技术。无损检测学科涉及物理科学中的光学、电磁学、声学、原子物理学,以及计算机、数据通信等学科,在冶金、机械、石油、化工、航空、航天各个领域均有广泛的应用。无损检测作为现代工业的基础技术之一,在保证产品质量和工程质量上发挥着愈来愈重要的作用,其"质量卫士"的美誉已得到工业界的普遍认同。

一、电梯无损检测技术

　　垂直升降的电梯占总量的大多数,且各种无损检测技术在电梯中的应用在垂直升降的电梯中也得到了集中体现,因此下面将以垂直升降的电梯为主来阐述电梯的无损检测技术。
　　垂直升降电梯的检验主要包括技术资料的审查、机房或机器设备区间检验、井道检验、轿厢与对重检验、曳引绳检验与补偿绳(链)检验、层站层门与轿厢检验、底坑检验和功能试验等项目。其检测方法主要是目视检验,同时辅以必要的仪器设备进行必要的测量、检验和试验。而超声、射线和磁粉等常用无损检测技术在电梯检验中几乎不使用。
　　1. 电梯导轨的无损检测技术
　　电梯导轨是供电梯轿厢和对重运行的导向部件,导轨的直线度和扭曲度直接影响电梯运行的舒适度,因此电梯导轨在生产与安装过程中都需要对它的直线度和扭曲度进行检测。常用的导轨检测方法有线锤法和激光测试法两种。
　　(1)线锤法。该方法是采用5m磁力线锤,沿导轨侧面和顶面测量,对每5m铅垂线分段连续测量,每面分段数不少于3段。检查每列导轨工作面每5m铅垂线测量值间的相对最大偏差是否满足规定要求。
　　(2)激光测试法。该方法运用了激光良好发集束和直线传播的特性,在检测过程中,将装有十字激光器的主机固定在导轨的一端,将光靶安装在导轨上,使得光靶靶面面向主机发光孔,在导轨上移动光靶,并将光靶上的激光测距仪测量的距离信号传送到电脑,经计算处理后转化为导轨的直线度和扭曲度。
　　2. 电梯曳引钢丝绳的漏磁检测技术
　　电梯曳引钢丝绳承受着电梯全部的悬挂重量,在运转过程中绕曳引轮、导向轮或反绳轮呈单向或交变弯曲状态,钢丝绳在绳槽中承受着较高的挤压应力,因此电梯曳引绳应具有较高的强度、挠性和耐磨性。钢丝绳在使用过程中,由于各种应力、摩擦和腐蚀等,使其产生疲劳、断丝和磨损。当强度降低到一定程度,不能安全地承受负荷时应报废。

早期的仪器主要是检测钢丝绳的局部缺陷,即 LF 检测法(主要是断丝定性和定量检测)。进入 20 世纪 80 年代,国内外开始出现金属截面积损失(LMA)检测法,此法弥补了 LF 检测不能检测磨损和锈蚀的不足,但对局部缺陷(小断口断丝和变形)检测灵敏度低。为弥补该两种方法检测时的不足,出现了具备 LF 和 LMA 双功能的检测仪器,满足对 LF 和 LMA 两条曲线的同时检测并与距离对应。

目前,国内外生产的电梯钢丝绳检测仪器的主要型号有我国的 MTC、TCK 和 KST 系列,波兰的 MD 系列,美国 LMA 系列,以及俄罗斯的 INTROS 系列等。

3. 功能试验中的无损检验技术

功能试验是检测电梯各种功能和安全装置的可靠性,多是带载荷和超载荷的试验。在功能试验中需采用不同的检测技术进行各项测试。

(1)电梯平衡系数的测试。电梯平衡系数是关乎电梯安全、可靠、舒适和节能运行的一项重要参数。电梯平衡系数测试时,交流拖动的电梯采用电流法,直流拖动的电梯采用电流-电压法。测量时,轿厢分别承载 0、25%、50%、75% 和 100% 的额定载荷,进行沿全程直驶运行试验。分别记录轿厢上、下行至与对重同一水平面时的电流、电压或速度。对于交流电动机,通过电流测量并结合速度测量,作电流-载荷曲线或速度-载荷曲线,以上、下运行曲线交点确定平衡系数,电流应用钳型电流表从交流电动机输入端测量;对于直流电动机,通过电流测量并结合电压测量,作电流-载荷曲线或电压-载荷曲线,确定平衡系数。

(2)电梯速度测试技术。电梯速度是指电梯 Z 轴(上下方向)位移的变化率,由电梯运行控制引起,监督检验时一般采用非接触式(光电)转速表测量。其基本原理是采用反射式光电转速传感器,使用时无须与被测物体接触,在待测转速的转盘上固定一个反光面,黑色转盘作为非反光面,两者具有不同的反射率,当转轴转动时,反光面与不反光面交替出现,光电器件间接地接收光的反射信号,转换成电脉冲信号,经处理后即可得到速度。

(3)电梯启动、制动加速度和振动加速度测试技术。电梯加速度的测试主要采用位移微分法。测试时,使用电梯加、减速度测试仪,将传感器安放在轿厢地面的正中,紧贴轿底,分别检测轻载和重载单层、多层及全程各工况的加、减速度与振动加速度。

(4)电梯噪声测试技术。噪声测试采用了测量声压的传感器,取 10 倍实测声压的平方与基准声压的平方之比的常用对数(基准声压级为 $20\mu Pa$)为噪声值。当电梯以正常运行速度运行时,声级计在距地面 1.5m、距声源 1m 处进行测量,测试点不少于 3 点,取噪声测量值中的最大值。轿厢内噪声测试是在电梯运行过程中,将声级计置于轿厢内中央,距地面 1.5m 处测试,取噪声测量值的最大值。开、关门噪声测试是将声级计置于轿厢门宽度的中央,在距门 0.24m,距地面 1.5m 处,测试开、关门过程中的噪声,取噪声测量值中的最大值。

4. 电梯综合性能测试技术

电梯综合性能测试技术是近几年发展起来的,通过一台便携式设备实现多种性能测试。电梯在运行中,利用专用电子传感器采集信号,经专用软件的分析处理,能够得到电梯安全参数的测试结果。

德国检验机构 TüV 开发的 ADIA SYSTEM 电梯诊断系统,以专用电子传感器、数据记录仪及 PC 获取与在线电梯安全相关的参数,是一种测量、存档有关行程、压力、质量、速度或加速度、钢丝绳曳引力和平衡力、电梯门特征及安全钳设置的综合测试设备。该系统可快速准确地测量和处理相关安全数据，测量结果可方便地存储并与特定准则进行比较。

二、起重机械无损检验技术

起重机械的检测方法很多，其中目视检测、电磁检测（包括涡流膜层测厚、漏磁裂纹检测和钢丝绳探伤等）、金属磁记忆检测、声发射检测、应力应变测试和振动测试主要在安装和定期检验中采用，射线检测主要在制造和安装中采用，超声、磁粉和渗透检测在制造、安装及定检中都有应用。

1. 电磁检测

（1）涡流膜层测厚。起重机械的表面漆层厚度测量主要利用涡流的提离效应，即涡流检测线圈与被检金属表面之间的漆层厚度（提离）值会影响检测阻抗值，对于频率一定的检测线圈，通过测量检测线圈阻抗（或电压）的变化就可以精确测量出膜层（提离）的厚度值。涡流膜层测厚受基体金属材料（电导率）和板厚（与涡流的有效穿透深度相关）影响，为克服其影响，一般选用较高的涡流频率，当频率大于 5MHz 时，不同电导率基体材料和板厚对检测线圈阻抗的影响差异将变得很小。涡流是空间电磁耦合，一般无须对检测表面进行处理，但为使膜层厚度的测量更加精确，建议对测量表面进行适当的清理，以去除可能对检测精度有影响的油漆防护层上的杂质。

（2）漏磁裂纹检测。电磁法检测裂纹时，用一交变磁场对金属试件进行局部磁化，试件在交变磁场作用下，也会产生感应电流，并生成附加的感应磁场。当试件有缺陷时，其表面会产生泄漏，磁场梯度异常，用磁敏元件拾取泄漏来复合磁场的畸变就能获得缺陷信息，如裂纹的位置和深度等。

（3）钢丝绳探伤检测。起重机械用钢丝绳属易损件，钢丝绳运行的安全与否，直接关系到起吊重物和设备的安全。钢丝绳检测仪根据缺陷引起的磁场特征参数（如磁场强度和磁通量等）的变化情况对钢丝绳的缺陷情况进行判别，并可进行定性（断丝或腐蚀等）和定量（断丝数或横截面积损失量）分析。

2. 金属磁记忆检测

金属磁记忆是对金属结构的应力集中状况进行检测的。通过测量金属构件处磁场切向分量 Hp(x)（为磁场强度在 X、Y 方向）的极值点和法向分量 Hp(y)（为分量）的过零点来判断应力集中区域，并对缺陷的进一步发生和发展进行监控与预测。

磁记忆是一种弱磁检测方法，无须对工件进行磁化，其应力集中部位在地磁场的作用下即可显示出磁记忆信号。但是一旦对工件进行了磁粉检测而又未进行有效的退磁操作，则微弱的磁记忆信号将被磁化后的剩余磁场信号湮没，所以磁记忆检测的检测时机应放在磁粉检测之前。

3. 声发射检测

起重机械声发射检测时，在设备的关键部位，一般选择在设计上的应力值较大或易发生腐蚀、裂纹或实际使用过程中曾出现过缺陷（如裂纹）的部位布置传感器。对起重设备施加额定载荷（动载）和试验载荷（静载），起重机械则正常运行或保持静止，此时材料内部的腐蚀、裂纹等缺陷源会产生声发射(应力波)信号。信号经过处理后将显示出产生声发射信号的包含严重结构缺陷的区域,频谱分析等手段还可为起重机械的整体安全性分析提供支持。

4. 应力应变测试

应力应变测试是型式试验的主要项目,通过测试起重机械结构件的应力和变形,来确定结构件是否满足起重性能和工作要求。

静态应力测试在加载后机构应制动或锁死,动态应力测试一般在额定载荷下按测试工况运行,各部件的最大应力不超过设计规定值。测试前由结构分析确定按危险应力区类型,即均匀高应力区、应力集中区和弹性挠曲区,并据此来确定测试点和应变片的位置与种类,制订测试方案。

5. 振动测试

振动特性(动刚度)是指起重机的消振能力,通常以主梁自振周期(频率)或衰减时间来衡量。自振频率(特别是基频)和振型是综合分析与评价结构刚度的重要指标。主梁在载荷起升离地或下降突然制动时,会产生低频率大振幅的振动,影响操作者的心理和正常的作业。对于电动桥门式起重机,当小车位于跨中时的满载自振频率要大于等于 2Hz。

振动测试时,在主梁跨中上(或中下)盖板处任选一点作为垂直方向振动检测点,小车位于跨中位置,把应变片粘贴在检测点上,并将引线接到动态应变仪输入端,输出端接示波器,起升额定载荷到 2/3 的额定起升高度处,稳定后全速下降,在接近地面处紧急制动,从示波器记录的时间曲线和振动曲线上可测得频率,即为起重机的动刚度(自振频率)。

三、客运架空索道无损检测技术

客运索道主要通过抱索器将吊具安装在钢丝绳上,钢丝绳架高在支架上,经由机电设备驱动钢丝绳运动来运输人员。支架和吊架的金属结构常用壁厚大于等于 5mm 的开口型材或壁厚大于等于 2.5mm 的钢管材及闭口型材制成;若环境温度小于−20℃时,主要承载构件应用镇静钢。一般支架为高度在 6～12m 的塔柱或塔架式、四边形桁架结构式或四边形封闭式等结构。由于制造中金属结构大都采用焊接连接,故常规检查焊缝的无损检测方法在生产和安装及运行的检验中都可应用。抱索器需要用在低温下有良好冲击韧性的优质钢制造。内、外抱卡通常用锻造方法制造,不得采用铸造方法,其检测通常采用磁粉检测。

客运索道的零部件一般在车间制造或直接外购,然后在现场根据设计要求进行组装。因为现有客运索道的标准规范中除对抱索器磁粉检测和钢丝绳检测的要求外,没有对无损检测方法进行详细规定,主要由检验人员根据设计要求对重点部件,如支架、吊架、钢丝绳和抱索器等,选择适当的无损检测方法。一般制造检测常采用射线、超声、磁粉、渗透和涡流检测等方法;安装检测常采用射线、超声、磁粉、渗透、涡流和漏磁检测等方法;在用定期检测常采用超声、磁粉、渗透、涡流、漏磁、磁记忆、声发射和振动测试等方法。下面就对这些无损检测方法的运用时机和技术要领逐一进行介绍。

1. 涡流检测

涡流检测主要用于制造检测中对于原材料钢管检测,以及安装检测和在用定期检测时对母材或焊缝的表面裂纹进行检测。

钢管进料检测时,应按管材壁厚和外径选择合适的外穿式探头。因为客运索道通常采用铁磁性钢管制作支架和吊架,所以宜选磁饱和装置或远场涡流探头。根据标准在标样管上制作相应规格的人工缺陷调整检测灵敏度,同时按检测信号幅度和相位作缺陷性质、当量和位置的判定依据。

利用涡流方法进行裂纹检测,采用的是空间电磁耦合方法。一般无须对检测表面进行处理,并可穿透非导体防护涂层、铁锈甚至较薄的非铁磁性金属覆盖层,可用于对钢结构母材及焊缝的裂纹检测,检测精度与常规磁粉相当,适合进行快速裂纹扫查。但该方法依据磁场信号进行判定,若磁粉检测后未进行有效的退磁操作,将对检测部位的磁场信号产生干扰,故检测时机应在磁粉检测之前。检测时,依据 EN 1711—2000 标准,应以至少两次相互垂直的扫查方向进行探伤作业。在工程应用中,可用人工对比试样来得到更准确的深度信息。

2. 钢丝绳漏磁检测

钢丝绳是客运索道的关键部件之一,是安装和在用定期检测中必不可少的检测项目。检测时,根据钢丝绳的类型和外径选择合适的探头,既保证钢丝绳能顺利通过探头,又要保证相对较大的填充系数。以相对均匀的速度使钢丝绳在探头中通过,钢丝绳上断丝、磨损和腐蚀等缺陷情况将引起磁场特征参数(如磁场强度和磁通量等)的变化,根据磁场参数的变化情况可以对钢丝绳的缺陷情况进行判别,并可进行定性(断丝或腐蚀等)和定量(断丝数或横截面积损失量)分析。检测时一般无须对不影响钢丝绳在检测仪上正常行走的油污和灰垢进行清理,但对于因钢丝绳与滑轮或卷筒等构件摩擦而使钢丝绳股间夹杂大量铁磁性颗粒的情况,应进行清洗或对检测结果进行适当修正。

钢丝绳检测仪一般都采用钢丝绳通过式,无法对有鞍座支承的密封钢丝绳进行一次性检测,一般都必须分段检测。

3. 金属磁记忆检测

金属磁记忆效应可对金属结构的应力集中状况进行检测,并对缺陷的进一步发生和发展进行监控与预测。它主要用于对支架和吊架端部长期经受疲劳载荷与扭矩作用的部位进行测试,是在用定期检测中一个很好的补助检测手段。

4. 声发射检测和振动检测

声发射检测和振动检测主要用于定期检测时对客运架空索道设备中的重要旋转机械零部件进行状态检测和故障诊断。例如滚动轴承和齿轮等部件,运行负荷大且长期经受连续交变载荷,易产生疲劳损坏。用该方法可以在早期发现故障征兆,并及时采取适当措施防患于未然。声发射技术作为一种无损检测技术的特点是可以检测到裂纹产生及扩展等信号,从而能较早、及时发现故障,还可判断出其位置,评价其危害程度。振动技术的特点是振动特征可与旋转机械的多种故障现象相对应,并且反应比较快,能迅速做出诊断,诊断的故障范围较宽。结合两者优势的声发射振动检测诊断技术对提高检测诊断的灵敏性、准确性、可靠性具有重要意义。

进行声发射和振动测试时,将带有磁性座的声发射传感器安装在轴承座等关键测点上,能同时检测多个通道的声发射、振动和转速等信号,并能对声发射和振动信号进行自动诊断。在设置声发射信号采样参数时,应选择适当的偏置电平、放大倍数、采样点和采样频率。

在采集滚动轴承和齿轮箱振动信号时,一般选择的采样频率大于 8kHz,截止频率取最高值 2.8kHz,采样点数为 2048。

四、游乐设施的无损检测技术

游乐设施主要由钢结构、行走线路、动力、机械传动、乘人设备、电器和安全防护装置七大部分组成。金属部件一般以轧制件、焊接件、锻件和铸件作坯件,经机械加工制成。轧制件、焊接件和锻件主要采用碳素结构钢、优质碳素结构钢或低合金结构钢。使用的主要材料为型钢、钢棒、钢管、钢板和钢锻件,常用的钢材主要是普通碳素结构钢 Q235,需减轻结构自重时可采用碳素结构钢 15Mn 或 15MnTi,轴类使用的常用材料为 45Cr 和 40Cr 等。游乐设施金属结构的连接方式主要为焊接和螺栓连接。而无损检测技术在游乐设施的制造、安装和检测过程中得到广泛使用,对质量控制起到十分关键的作用。

在实际开展游乐设施定期检测过程中,根据游乐设施的失效特点,采用一些新的快速检测方法,如采用电磁方法来快速检测钢部件的表面裂纹和钢丝绳的断丝,采用磁记忆检测方法来快速检测铁磁性金属受力部件的疲劳损伤和高应力集中部位,采用应力测试方法测试结构件的应力和变形等。另外,一些游乐设施的大轴或中心轴,一旦安装投入使用很难进行拆卸,因此十分需要有对这些大轴进行不拆卸的无损检测与评价的方法。

1. 电磁检测

(1)铁磁性材料表面裂纹电磁检测。在定期检验中检测铁磁性表面和近表面裂纹最常用的无损检测方法为磁粉和渗透检测,该方法灵敏度高,但在检测过程中必须对检测区域的表面进行打磨处理,去除表面的油漆、喷涂等防腐层和氧化物。考虑到检测所需的时间和费用,目前一般进行 20% 的抽查。然而,在实际的定期检验中,有 90% 以上的游乐设施在经过焊缝表面打磨、磁粉和渗透检测后未发现任何表面裂纹,即使发现表面裂纹,一般也是只存在几处,占焊缝总长的 1% 以下,因此大量的打磨大大增加了游乐设施停止运行的时间和油漆的费用。

近几年发展起来的基于复平面分析的金属材料焊缝涡流(电磁)检测技术,在有防腐层的情况下,也可采用特殊的点式探头对焊缝表面进行快速扫描检测,可以快速检测铁磁性材料存在的表面和近表面裂纹,并可对裂纹深度进行测量。该方法快速准确,并能对裂纹进行定性和半定量评估。受集肤效应影响,波形幅度与裂纹深度呈非线性关系,在工程应用中,可用人工对比试样来得到更准确的深度信息。该方法检测结果与裂纹的走向有关,为防止漏检,按标准推荐的操作方法,应以至少两次相互垂直的扫查方向进行探伤扫查。

裂纹检测的空间电磁耦合,一般无须对检测表面进行处理,并可穿透非导体防护涂层、铁锈甚至较薄的非铁磁性金属覆盖层,可用于对钢结构母材及焊缝的裂纹检测,检测精度与常规磁粉相当,适合对游乐设施进行快速裂纹扫查。但该方法依据磁场信号进行判定,若磁粉检测后未进行有效的退磁操作,将对检测部位的磁场信号产生干扰,故检测时机应在磁粉检测之前。

(2)钢丝绳检测。钢丝绳是游乐设施常用部件,对其一般采用漏磁方法进行检测,探头对进入其中的钢丝绳进行局部饱和与磁化技术磁化,根据缺陷引起的磁场特征参数(如磁场强度和磁通量等)的变化情况对钢丝绳的缺陷情况进行判别,并可进行定性(断丝或腐蚀等)和定量(断丝数或横截面积损失量)分析。

钢丝绳检测时一般无须对不影响钢丝绳在检测仪上正常行走的油污和灰垢进行清理,但对于因钢丝绳与滑轮和卷筒等构件摩擦而使钢丝绳股间夹杂大量铁磁性颗粒的情况,应对钢丝绳进行清洗或检测结果进行适当修正。

2. 金属磁记忆检测

金属磁记忆检测(Metal Magnetic Memory Testing,MMMT)技术是由俄罗斯杜波夫教授于 20 世纪 90 年代初提出并于 90 年代后期发展起来的一种检测材料应力集中和疲劳损伤的无损检测与诊断的新方法。鉴于许多在用游乐设施零部件的失效是由疲劳裂纹引起的,因此该技术特别适用于游乐设施铁磁性金属重要焊缝和轴类零部件的快速检测。磁记忆是一种弱磁检测方法,无须对工件进行磁化,其应力集中部位在地磁场的作用下即可显示出磁记忆信号。但是一旦对工件进行了磁粉检测而未进行有效退磁操作,则微弱的磁记忆信号将被剩余磁场信号湮没,所以检测时机应放在磁粉检测之前。

五、场(厂)内专用机动车辆无损检测技术

国家质量监督检验检疫总局在《厂内机动车辆监督检验规程》规定,场(厂)车的检验主要包括整车检验、动力系统检验、灯光电气检验、传动系统检验、行驶系统检验、转向系统检验、制动系统检验、工作装置检验和专用机械检验等项目。其检测方法主要是目视检验,同时辅之以必要的仪器设备,进行必要的测量、检测和试验。必要时,也采用超声检验(UT)、磁粉检测(MT)和渗透检测(PT)等无损检测方法。检测过程中使用的检验仪器设备、计量器和相应的检测工具,属于法定计量检定范围,必须经检定合格,且在有效期内。

1. 噪声测试技术

噪声测试采用了测量声压级的传感器,取 10 倍实测声压的平方与基准声压的平方之比的常用对数(基准声压级为 $20\mu Pa(2\times10^{-5}\ Pa)$),即为噪声值。

场(厂)车的噪声一般采用声级计测试。声级计是一种便携式测量噪声的仪器。它包括测量传感器、放大器、计权网络、衰减器、检波器和指示电表等几个部分,一般不包括带通滤波器。但近代精密声级计还常和倍频带甚至 1/3 倍频带滤波器相联结,构成较完整的频率分析系统,这样便可测出对应于中心频率所代表的各频段的声压级。

2. 转向测试技术

转向轻便性是场(厂)内专用机动车辆比较重要的测试项目之一,它直接关系到车辆的操纵性和稳定性。在转向测试时,通过一台以微电脑为核心的智能化测试仪器实现,该仪器由力矩传感器、转向编码器、微电脑和打印机组成。在测试过程中,计算机自动完成数据采集、存储、显示、运算、分析和输出,能够实现对转向力矩和转角的自动判向,对测量开始和结束能自动判别。

3. 速度测试技术

监督检验时,一般采用非接触式测速仪。该仪器主要由非接触式光电速度传感器、跟踪滤波器和主机三个部分组成。如 FC-1 非接触式测速仪,其传感器采用大面积梳状硅光器作敏感元件。使用时将其安装在车辆上,用灯照明地面,当车辆行驶时,地面杂乱花纹经光学系统成像到光电器件上并相应运动,经光电转换和空间滤波后,探测头输出一个接近正弦波的随机窄带信号,信号频率随转速变化,正弦波的每一周期严格对应地面上走过的一段距离,经过测频可知其行驶速度。如果将信号经跟踪带通滤波器和整形电路转换为脉冲输出,经计数和微机处理后可实时显示速度、距离和时间。

4. 应力应变测试技术

在检测测试中,通过应变和应力的测量可以分析、研究零部件与结构的受力情况及工作状态,验证设计计算结果的正确性,确定整机工作过程中的负载谱和某些物理现象的机理,确保整机安全作业。

应用电阻应变片和应变仪器测定构件的表面应变,然后再根据应变与应力的关系式确定构件表面应力状态,是最常见的一种实际应力分析方法。应变仪一般由电桥、放大器、相敏检波器、滤波器、振荡器、稳压电源和指示表等主要单元组成。

根据被测应变的性质和工作频率不同,所用的应变仪可分为静态电阻应变仪和动态电阻应变仪。静态电阻应变仪用以测量静载作用下的应变,其应变信号一般变化十分缓慢或变化后能很快静止下来;动态电阻应变仪与光线示波器、磁带记录仪配合,用于 $0\sim2000\,\mathrm{Hz}$ 的动态过程测试,以及爆炸、冲击等瞬态变化过程测试。

5. 负荷测量技术

负荷测量是场(厂)车检验的一个重要指标之一。负荷测量车是在室外测定场(厂)车的牵引性能的重要设备。在牵引性能试验时,它由被测车辆牵引前进,用来施加平衡的阻力,并能测量和记录表征被测车辆牵引性能的有关参量。

目前,负荷测量车大多用拖拉机或汽车底盘改装而成。它主要由加载装置、各种传感器和相应的电测量仪器、记录仪器、自走驱动装置等组成。

当负荷测量车由被测车辆牵引等速前进时,动力传递的情况恰与车辆正常工作的情况相反。由驱动轮与路面间的附着所产生的切向驱动力 Pq 在驱动轮上将造成一个驱动力矩,通过相应的传动系统,该力矩最后传到加载装置的轴上,并与加载装置的阻力矩 MB 相平衡。因此可以说,加载装置的作用就是在负荷测量车的轮上造成一个阻力矩 MBq,调节 MBq 就能对牵引它的车辆造成不同的牵引阻力。

6. 液压系统综合测试技术

液压传动系统已成为场(厂)车的重要组成部分,因此液体压力和流量是两个主要的被测参数。液压系统综合测试技术主要用于液压系统的原位检测和车辆作业中的监测,能在不拆卸管路的情况下测试液压系统各回路的流量、压力和泵的转速,用以进行故障诊断和技术状况检查。

第四节　常见电气故障的维修

一、常见电器元件的维修

机电设备中的电器元件多属低压电器。按照低压电器在控制电路中的作用,可以将其分为低压配电电器和低压控制电器。低压配电电器用于低压配电系统或动力设备,用来对电能进行输送、分配和保护,主要有刀开关、低压断路器、熔断器、转换开关等。低压控制电器用于拖动及其他控制电路,用来对命令、现场信号进行分析判断并驱动电气设备进行工作,主要有接触器、继电器、启动器、控制器、主令电器、电磁铁等。下面就部分常见电器元件的维修作简要说明。

1. 空气断路器

空气断路器俗称自动空气开关,可用来接通和分断负载电路,也可用来控制不频繁启动的电动机。从功能上讲,它相当于刀开关、过电流继电器、失电压继电器、热继电器及漏电保护器等电器部分或全部功能的总和,对电路有短路、过载、欠电压和漏电保护等作用。

(1)空气断路器的分类及用途见表 7-1。

表 7-1　空气断路器的分类及主要用途

序号	分类方法	种类	主要用途
1	按用途分	保护配电线路断路器	做电源总开关和各支路开关
		保护电动机断路器	可装在近电源端,保护电动机
		保护照明线路断路器	用于生活建筑内电气设备和信号二次线路
		漏电保护断路器	防止因漏电造成的火灾和人身伤害
2	按结构形式分	框架式断路器	开断电流大,保护种类齐全
		塑料外壳断路器	开断电流相对较小,结构简单
3	按极数分	单极断路器	用于照明回路
		两极断路器	用于照明回路或直流回路
		三极断路器	用于电动机控制保护
		四极断路器	用于三相四线制线路控制
4	按限流性能分	一般型不限流断路器	用于一般场合
		快速型限流断路器	用于需要限流的场合
5	按操作方式分	直接手柄操作断路器	用于一般场合
		杠杆操作断路器	用于大电流分断
		电磁铁操作断路器	用于自动化程度较高的电路控制
		电动机操作断路器	用于自动化程度较高的电路控制

(2)空气断路器的常见故障与处理。空气断路器正常工作时,应定期清洁,必要时需加润滑油。因为空气断路器结构比较复杂,所以故障种类较多,见表7-2。

表 7-2　空气断路器常见故障分析与处理

序号	故障现象	原因分析	处理方法
1	电动操作断路器不能闭合	1)操作电源电压不符 2)电源容量不够 3)电磁铁拉杆行程不够 4)电动机操作定位开关变位 5)控制器中整流管或电容器损坏	1)调换电源 2)增大操作电源容量 3)重新调整或更换拉杆 4)重新调整 5)更换损坏元器件
2	手动操作断路器不能闭合	1)欠电压脱扣器无电压或线圈损坏 2)储能弹簧变形导致闭合力减小 3)反作用弹簧力过大 4)机构不能复位再扣	1)检查线路,施加电压或更换线圈 2)更换储能弹簧 3)重新调整弹簧反力 4)重新再扣接触面至规定值
3	分励脱扣器不能使断路器分断	1)线圈短路 2)电源电压太低 3)再扣接触面太大 4)螺钉松动	1)更换线圈 2)调换电源电压 3)重新调整 4)拧紧
4	启动电动机时断路器立即分断	1)过电流脱扣器瞬动整定值太小 2)脱扣器某些零件损坏,如半导体器件,橡皮膜等损坏 3)脱扣器反力弹簧断裂或脱落	1)调整瞬动整定值 2)更换脱扣器或更换损坏零部件 3)更换弹簧或重新装上
5	欠电压脱扣器不能使断路器分断	1)反力弹簧作用力变小 2)如为储能释放,则储能弹簧作用力变小或断裂 3)机构卡死	1)调整弹簧 2)调整或更换储能弹簧 3)消除卡死原因(如生锈)
6	断路器温升过高	1)触头压力过低 2)触头表面过分磨损或接触不良 3)两导电零件连接螺钉松动 4)触头表面油污或氧化	1)调整触头压力或更换弹簧 2)更换触头或清理接触面,更换断路器 3)拧紧螺钉 4)清除油污或氧化层
7	带半导体脱扣器的断路器误动作	1)半导体脱扣器元器件损坏 2)外界电磁干扰	1)更换损坏的元器件 2)消除外界干扰,借以隔离或更换线路
8	漏电断路器经常自行分断	1)漏电动作电流变化 2)线路漏电	1)送回厂家重新校正 2)找原因,如是导线绝缘损坏,则更换
9	漏电断路器不能闭合	1)操作机构损坏 2)线路某处漏电或接地	1)送回厂家修理 2)消除漏电处或接地处故障

序号	故障现象	原因分析	处理方法
10	断路器闭合后经一定时间自行分断	1)过电流脱扣器长延时整定值不对 2)热元件或半导体延时电路元器件损坏	1)重新调整 2)更换损坏元器件
11	有一对触头不能闭	1)一般型断路器的一个连杆断裂 2)限流断路器拆开机构可拆连杆之间的角度变大	1)更换连杆 2)调整至原技术条件定值
12	欠电压脱扣器噪声	1)反作用弹簧反力太大 2)铁芯工作面有油污 3)短路环断裂	1)重新调整 2)清除油污 3)更换衔铁或铁芯
13	辅助开关不能通	1)辅助开关的动触桥卡死或脱落 2)辅助开关传动杆断裂或滚轮脱落 3)触头不接触或氧化	1)拨正或重新装好触桥 2)更换传动杆或辅助开关 3)调整触头,清理氧化膜

2. 熔断器

熔断器是用来进行短路保护的器件。当通过的电流大于一定值时,熔断器能依靠自身产生的热量使特制的低熔点金属(熔丝、熔体)熔化而自动切断电路。

熔断器大致可以分为:插入式熔断器、螺旋式熔断器、封闭式熔断器、快速式熔断器、管式熔断器、自复式熔断器和限流线。

熔断器由于结构简单,因此故障种类较少。但因为其内部具有一定的电阻,工作时有发热现象,加之串接在每条回路中,所以故障频率较高。熔断器的常见故障如下:

(1)熔断器熔丝熔断频繁。此类故障在电动机刚启动瞬间为多。产生这一故障的原因可能在于熔断器,也可能在于负载。如果负载变大,则熔断器动作即为正常;如果负载正常,则可能是所选熔丝的额定电流过小,或熔丝安装时受损等。要判断是熔断器的问题还是负载的问题,可测量负载电流,根据负载电流的大小,可很容易地判断出问题所在,随后进行相应的处理。

(2)熔丝未熔断,但电路不通。产生这一故障的原因除了熔丝两端未接好外,也有熔断器本身的原因,如螺母未拧紧、端线引出不良等,可逐项检查排除。

3. 接触器

接触器是用来频繁接通和分断电动机或其他负载主电路的一种自动切换电器。它主要由触点系统、电磁机构及灭弧装置组成。接触器的常见故障主要表现在触点装置和电磁机构两个方面。

(1)触点的主要故障及维修。触点的故障主要有触点过热、磨损和熔焊。触点过热主要由触点接触压力不足,触点表面接触不良、表面氧化或积垢,触点表面被电弧灼伤起毛等引起的;触点磨损包括电弧或电火花造成的电磨损和触点闭合撞击相对滑动摩擦造成的机械磨损;触点熔焊是指当触点闭合时,由于撞击和产生振动,在动、静触点间的小间隙中产生短

电弧,电弧温度很高,可使触点表面被灼伤以致烧熔,融化的金属使动、静触点焊在一起。针对上述故障需进行以下修理:

①触点的表面修理。触点因表面氧化、积垢而造成接触不良时,可用小刀或细锉清理表面,但应保持原来的形状。银或银合金触点在分断电弧时,生成的黑色氧化膜的接触电阻很低,不会造成接触不良现象,因此不必锉修,否则将大大缩短触点寿命。触点的积垢可用汽油或四氯化碳清洗。

②触点的整形。当触点被电弧灼伤引起毛刺时,会使触点表面形成凹凸不平的斑痕或飞溅的金属溶渣,造成接触不良。修理时,可将触点拆下来,先用细锉清理一下凸出的小点或金属熔渣,然后用小锤将凹凸不平处轻轻敲平,再用细锉细心地将触头表面锉平并整形,使触点表面的形状和原来一样,切勿锉得太多,否则经过几次修理触点就不能用了。

③触点的更换。镀银的触点若银层被磨损而露出铜或触点严重磨损超过厚度的 1/2 时,应更换新触点。更换新触点以后,要重新检查触点的开距、超程、压力,使之保持在规定的范围内。

④触点开距、超程、压力的检查与调整。接触器检修后,应根据技术要求进行开距、超程、压力的检查与调整,这是保证接触器可靠运行的重要条件。更换触点后,还应检查一下弹簧及触点的压力。对于交流接触器,更换触点后,应保证三相同时接触,其先后误差不应超过 0.5mm。

(2)电磁机构的主要故障及维修。电磁机构的故障主要有吸合噪声大、线圈过热、烧毁等。吸合噪声大主要由铁芯与衔铁接触不良,接触面有锈蚀、油污、尘垢,活动部件受卡而使衔铁不能完全吸合,分磁环损坏等引起。针对这些故障,检修时应拆下线圈,若线圈烧毁,则应更换新线圈;检查动、静铁芯的接触面是否平整、干净,如不平或有锈蚀,应用细锉锉平或磨平;校正衔铁的歪斜现象,紧固松动的铁芯;更换断裂的分磁环;用手检查接触器运动系统是否灵活,当发现运动系统有卡住等不灵活现象时,应加以调整,使其运动灵活;对于直流接触器,还应检查非磁性垫片是否损坏,若损坏应更换新垫片。

4. 继电器

继电器是根据某一输入量来控制电路通断的自动切换电器。在电路中,继电器主要用来反映各种控制信号,从而改变电路的工作状态,实现既定的控制程序,达到预定的控制目的,同时也提供一定的保护。继电器按反映的信号不同,可分为电压继电器、电流继电器、时间继电器、热继电器、速度继电器和压力继电器等。

热断电器是对电动机过载进行保护的器件。电动机在运行过程中,经常出现过负荷的现象或在欠电压下运转。此时电动机绕组中会流过较大的电流,而过大的电流会产生较多的热量,如果热量不能及时释放出去,就有可能损坏电动机。

另一方面,如果电动机过载的时间并不很长,电动机没有达到允许温升,此时电动机并不应立即停机。仅采用过电流保护,是实现不了这一功能的,这时就必须采用热继电器。热继电器的常见故障主要有热元件损坏、热继电器误动作和热继电器不动作三种情况。

(1)热元件损坏。当热继电器动作频率太高或负载侧发生短路时,会因电流过大而使热元件烧断。这时应先切断电源,检查电路,排除短路故障,再重新选择合适的继电器。更换热继电器后应重新调整整定电流值。

(2)热继电器误动作。产生这种故障的原因一般有以下几种:整定值偏小,以致未过载就动作;电动机启动时间过长,使热继电器在启动过程中产生动作;操作频率太高,使热继电器经常受启动电流冲击;使用场合有强烈的冲击及震动,使热继电器动作机构松动而脱扣。

为此,应调换适合于上述工作性质的继电器,并合理调整整定值。调整时只能调整调节旋钮,决不能弯折双金属片。热继电器动作脱扣后,不要立即手动复位,应待双金属片冷却复位后再使常闭触点复位。按手动复位按钮时,不要用力过猛,以免损坏操作机构。

(3)热继电器不动作。由于热元件烧断或脱焊或电流整定值偏大,以致过载时间很长,造成热继电器不动作。发生上述故障时,可进行针对性处理。对于使用时间较长的热继电器,应定期检查其动作是否可靠。

二、常见电气故障维修

1. 机床电气故障的诊断方法和步骤

(1)学习机床电气系统维修图。机床电气系统维修图包括机床电气原理图、电气箱(柜)内电器布置图、机床电气布线图及机床电器位置图。通过学习机床电气系统维修图,掌握机床电气系统原理的构成和特点,熟悉电路的动作要求和顺序、各个控制环节的电气过程,了解各种电器元件的技术性能。对于一些较复杂的机床,还应了解一些液压系统的基本知识,掌握机床的液压原理。在检查机床电气故障时,首先应对照机床电气系统维修图进行分析,再设想或拟订检查步骤、方法和线路,做到有的放矢,有步骤地逐步深入进行。除此以外,维修人员还应掌握一些机床电气安全知识。

(2)详细了解电气故障产生的经过。机床发生故障后,维修人员必须首先向机床操作者详细了解故障发生前机床的工作情况和故障现象(如响声、冒烟、火花等),询问发生故障前有哪些征兆,这些对故障的处理极为有益。

(3)分析故障情况,确定故障的可能范围。知道了故障发生的经过以后,对照电气原理图进行故障情况分析,虽然机床线路看起来很复杂,但是可把它拆成若干控制环节来分析,缩小故障范围,就能迅速地找出故障的确切部位。另外,还应查询机床的维修保养、线路更改等记录,这对分析故障和确定故障部位有帮助。

(4)进行故障部位的外观检查。故障的可能范围确定后,应对有关电器元件进行外观检查,检查方法如下。

①闻:在某些严重的过电流、过电压情况发生时,由于保护器件的失灵,造成电动机、电器元件长时间过载运行,会使电动机绕组或电磁线圈发热严重,绝缘损坏,发出臭味、焦味。

②看:有些故障发生后,故障元件有明显的外观变化,如各种信号的故障显示,带指示装置的熔断器、空气断路器或热继电器脱扣,接线或焊点松动脱落,触点烧毛或熔焊,线圈烧毁等。

③听:电器元件正常运行和故障运行时发出的声音有明显差异,根据某些元件工作时发出的声音有无异常,就能查找到故障元件,如电动机、变压器、接触器等。

④摸:电动机、变压器、电磁线圈、熔断器等发生故障时,温度会明显升高,用手摸一摸发热情况,也可查找到故障所在,但应注意必须在切断电源后进行。

(5)试验机床的动作顺序和完成情况。当在外观检查中没有发现故障点,或对故障还需进一步了解时,可采用试验方法对电气控制的动作顺序和完成情况进行检查。应先对可能是故障部位的控制环节进行试验,以缩短维修时间。此时可只操作某一按钮或开关,观察线路中各继电器、接触器、行程开关的动作是否符合规定要求,是否能完成整个循环过程。如动作顺序不对或中断,则说明此电器与故障有关,再进一步检查,即可发现故障所在。但是在采用试验方法检查时,必须特别注意设备和人身安全,尽可能断开主回路电源,只在控制回路部分进行检查,不能随意触动带电部分,以免故障扩大和造成设备损坏。另外,要预先估计到部分电路工作后可能发生的不良影响或后果。

(6)用仪表测量查找故障元件。用仪表测量电器元件是否为通路,线路是否有开路情况,电压、电流是否正常、平衡,这也是检查故障的有效措施之一。常用的电工仪表有万用表、绝缘电阻表、钳形电流表、电桥等。

(7)总结经验,摸清故障规律。每次排除故障后,应将机床故障修复过程记录下来,总结经验,摸清并掌握机床电气线路故障规律。记录的主要内容包括设备名称、型号、编号、设备使用部门及操作者姓名、故障发生日期、故障现象、故障原因、故障元件及修复情况等。

2. 普通机床常见故障的分析实例

图 7-1 所示为 C650-2 型卧式车床的电气控制原理图。

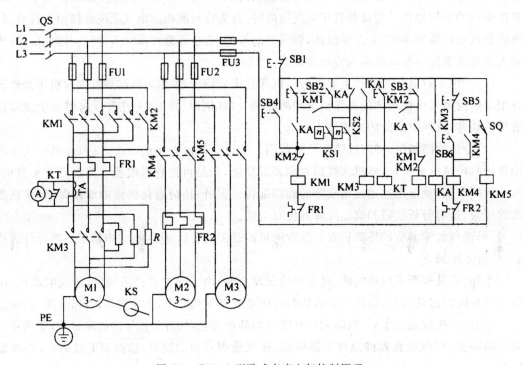

图 7-1 C650-2 型卧式车床电气控制原理

(1)电气控制原理图分析。根据 C650-2 型车床的特点,从以下几个方面对其控制原理进行分析。

①主轴的正反转控制。按下操作按钮 SB2 或 SB3,则接触器 KM1 或 KM2 线圈通电,主触点闭合,辅助触点 KM1 或 KM2 完成自锁。同时 KM3 线圈通电,其主触点将电阻 R 短接,电动机 M1 实现全压下的正转或反转启动,启动结束后进入正常运行状态。

②主轴的点动控制。SM 为点动控制按钮,按下 SB4,则 KM1 线圈通电,主触点 KM1 闭合。此时,M1 主电路串接电阻 R 实现减压启动与运行,获得低速运转,实现对刀操作。

③主轴电动机反接制动停车控制。主轴停车时,按下停车控制按钮 SB1,KM1 或 KM2 及 KM3 线圈断电,其相关触点复位,而电动机 M1 由于惯性继续运行,速度继电器的触点 KS2 或 KS1 仍闭合。按钮 SB1 复位时,KM2 或 KM1 线圈通电,相应的主触点闭合,M1 主电路串接电阻 R 进行反接制动。当转速低于 KS 的设定值时,KS2 或 KS1 复位,KM2 或 KM1 线圈断电,其相应的主触点复位,电动机 M1 断电,制动过程结束。

④刀架快速移动控制。刀架快速移动由刀架快速移动电动机 M3 拖动实现。当刀架快速移动手柄压合行程开关 SQ 时,接触器 KM5 线圈通电,主触点 KM5 闭合,电动机 M3 直接启动。当刀架快速移动手柄移开,不再压合 SQ 时,KM5 线圈断电,主触点复位,电动机 M3 停止运转,刀架快速移动结束。

⑤切削液泵电动机控制。切削液泵电动机 M2 通过电动机单方向运转电路实现启停控制,此电路由启动按钮 SB6、停止按钮 SB5 及接触器 KM4 组成。

⑥主轴电动机负载检测及保护环节。C650-2 型车床采用电流表 A 经电流互感器 TA 来检测主轴电动机 M1 定子的电流,监视其负载情况。为防止电动机启动时电流的冲击,采取时间继电器 KT 常闭通电、延时断开触点并接在电流表两端的措施。当电动机 M1 启动时,电流表由 KT 触点短接,启动完成后 KT 触点断开,再将电流表接入。因此 KT 延时应稍长于电动机 M1 的启动时间,一般为 $0.5 \sim 1s$。而当电动机 M1 停车反接制动时,按下 SB1,此时 KM3、KA、KT 相继断电,KT 触点瞬时闭合,将电流表 A 短接,使之不会受到反接制动电流的冲击。

(2)常见故障分析。

①主轴电动机 M1 不能启动。主轴电动机不能启动有以下几种情况:按 SB2 或 SB3 时就不能启动;运行中突然自停,随后不能再启动;按 SB2 或 SB3,熔丝就熔断;按下 SB2 或 SB3 后,M1 不转,发出"嗡嗡"声;按 SB1 后再按 SB2 或 SB3 不能再启动等。出现这类故障时,首先应重点检查 FU1 及 FU3 是否熔断,其次,应检查热继电器 FR1 是否已动作,这类故障的排除非常简单,但必须找出 FR1 动作的根本原因。FR1 动作有时是因为其规格选配不当,需重选一只适当容量的热继电器;有时是由于机械部分过载或卡死,或由于电动机 M1 频繁启动而造成过载使热继电器脱扣。最后,检查接触器 KM1、KM2、KM3 的线圈是否松动,主触点接触是否良好。

若经上述检查均未发现问题,则将主电路熔断器 FU1 拔出,切断主电路。然后合上电源开关,使控制回路带电,进行接触器动作试验。按下 SB2 或 SB3,若接触器不动作,则故障必在控制回路中。如 SB1、SB2 或 SB3 的触点接触不良,接触器 KM1、KM2、KM3 及中间继电器 KA 线圈引出线有断线,它们的辅助触点接触不良等,都会导致接触器不能通电动作,应及时查明原因并加以消除。

②主轴电动机断相运行。按下启动按钮后，M1 不能启动或转动很慢，且发出"嗡嗡"声，或者在运行中突然发出"嗡嗡"声，这种状态叫断相运行。此时，应立即切断电动机电源，以免烧坏电动机。出现此现象的原因主要是电动机的三相电源线有一相断开，如：开关 QS 有一相触点接触不良；熔断器有一相熔断；接触器主触点有一对未吸合；电动机定子绕组的某一相接触不良等。只要查出原因，排除故障，主轴电动机就可正常启动。

③主轴电动机启动但不能自锁。其故障原因是 KA、KM1 或 KM2 的自锁触点连接导线松脱或接触不良。用万用表检查，找出原因，就可排除故障。

④主轴电动机不能停或停车太慢。如按下 SB1，主轴不能停转，则可能是接触器 KM1 或 KM2 主触点出现熔焊。如停车太慢，则可能是速度继电器 KS 的常开触点接触不良。

⑤主轴不能点动控制。主要检查点动按钮 SB4，检查其动合触点是否损坏或接线是否脱落。

⑥刀架不能快速移动。故障原因可能是行程开关损坏或接触器主触点被杂物卡住、接线脱落，或是快速移动电动机损坏。出现这些故障应及时检查，逐项排除，直至正常工作。

⑦主轴电动机不能进行反接制动控制。故障原因可能是速度继电器损坏或接线脱落、接线错误，或是电阻 R 损坏、接线脱落。

⑧不能检测主轴电动机负载。首先检查电流表是否损坏，如损坏，应先检查电流表损坏的原因；其次可能是时间继电器设定的时间较短或损坏，接线脱落，或者是电流互感器损坏，应逐项检查并排除。

参考文献

[1]江桂云.机械电气控制及自动化[M].北京:机械工业出版社,2014.

[2]党林贵,李玉军,张海营,等.机电类特种设备无损检测[M].郑州:黄河水利出版社,2012.

[3]杨克冲,陈吉红,郑小年.数控机床电气控制[M].武汉:华中科技大学出版社,2005.

[4]钱平.伺服系统[M].北京:机械工业出版社,2005.

[5]赵俊生.数控机床电气控制技术基础[M].北京:电子工业出版社,2005.

[6]龚仲华.交流伺服驱动从原理到完全应用[M].北京:人民邮电出版社,2010.

[7]黄志坚,赵旭东.新型电气伺服控制技术应用案例精选[M].北京:中国电力出版社,2010.

[8]寇宝泉,程树康.交流伺服电机及其控制[M].北京:机械工业出版社,2008.

[9]石辛民,郝整清.模糊控制及其 MATLAB 仿真[M].北京:北京交通大学出版社,2008.

[10]龚纯,王正林.精通 MATLAB 最优化计算[M].北京:电子工业出版社,2009.

[11]陈洁.PLC 控制技术快速入门——西门子 S7-200 系列[M].北京:中国电力出版社,2013.

[12]何学俊,张军.电器控制与 PLC 技术应用(西门子机器)[M].北京:中国电力出版社,2010.

[13]廖映华.机械电气自动控制[M].重庆:重庆大学出版社,2013.

[14]王新华,杨兆瀚,黄国健,等.特种机电设备安全检测、监测与风险管理研究进展[J].自动化与信息工程,2013(1):1-5.

[15]刘云峰.桥式起重机箱形主梁腹板新型结构研究[D].昆明:昆明理工大学,2001.

[16]高丽丽.PLC 控制交流变频调速电梯系统的研究[D].青岛:山东科技大学,2003.

[17]尹刚.基于 PLC 的变频调速电梯系统设计[D].沈阳:沈阳工业大学,2008.

[18]张奕仲.电动叉车行走驱动系统设计与实现[D].南京:南京理工大学,2013.

[19]王立乾.基于 PLC 的空压机试验台的研究与开发[D].北京:北京交通大学,2008.

[20]何彦,林申龙,王禹林,等.数控机床多能量源的动态能耗建模与仿真方法[J].机械工程学报,2015(11):123-132.